应用电子信息类专业实验教学丛书

简明电路分析基础
实验教程

刘广伟　葛付伟　丛红侠　编著

南开大学出版社
天　津

图书在版编目(CIP)数据

简明电路分析基础实验教程 / 刘广伟，葛付伟，丛红侠编著. —天津：南开大学出版社，2010.12(2020.1重印)
ISBN 978-7-310-03469-7

Ⅰ.①简… Ⅱ.①刘… ②葛… ③丛… Ⅲ.①电路分析－高等学校－教材 Ⅳ.①TM133

中国版本图书馆 CIP 数据核字(2010)第 233411 号

版权所有　侵权必究

南开大学出版社出版发行
出版人：陈　敬
地址：天津市南开区卫津路 94 号　邮政编码：300071
营销部电话：(022)23508339　23500755
营销部传真：(022)23508542　邮购部电话：(022)23502200
＊
天津午阳印刷股份有限公司印刷
全国各地新华书店经销
＊
2010 年 12 月第 1 版　2020 年 1 月第 4 次印刷
787×960 毫米　16 开本　9.75 印张　172 千字
定价：20.00 元

如遇图书印装质量问题，请与本社营销部联系调换，电话:(022)23507125

高等院校电子信息类实验教程丛书
专家编审委员会

主　　任：李维祥　教授　　　　南开大学滨海学院
副主任：沈保锁　教授　　　　天津大学
委　　员：孙桂玲　教授　　　　南开大学
　　　　　杨文霞　教授　　　　南开大学
　　　　　徐开友　教授　　　　天津理工大学
　　　　　付晓梅　副教授　　　天津大学
　　　　　粟田禾　高级工程师　天津工程师范学院
　　　　　郭振武　副教授　　　南开大学滨海学院

丛书前言

应用型电子信息类专业人才必需具备能跟踪新技术发展的良好专业素质、娴熟的专业技能和突出的实践应用能力。对于学生的这种专业素质、技能与能力的培养，必须建立一套科学有效的理论与实验教学体系，大力加强学生的实践动手能力的训练，其中包括实验基地和实验教材的建设。

本套丛书由南开大学滨海学院联合天津部分高校相关专业的教师编写而成。丛书是参照电子信息类实验教学大纲的要求，结合应用型电子信息类专业人才目标而编写的。丛书内容主要体现了在培养学生的基本实验技能的同时，特别注重对学生的电路设计与综合应用能力和自主开发能力的启发与培养，以全面提高学生的专业素质和创新能力。

该丛书既保持了每个实验的独立性，又保证了整个系统的一致性和完整性。每个实验可以单独开课，各实验之间又相互连接，本着由浅入深、由基础到应用、由单元到系统的原则。内容力求浅显易懂，便于操作。每门实验除验证实验外，均设有自主设计性实验和开发性创新实验，便于学生自主创新的培养。每个实验教材后均附有思考题，便于学生开阔思路，培养学生分析问题和解决问题的能力，很好的完成实验。

本丛书的编写过程中得到天津市通信学会高等教育工作委员会和南开大学滨海学院领导的大力支持和帮助，是南开大学滨海学院教材立项资助项目，另外也得到相关实验设备生产企业的大力协助，在此致以衷心的感谢。

丛书编写中的不足，敬请指正。

丛书编写委员会
2009 年 7 月于南开大学滨海学院

前　言

讲授《简明电路分析基础实验教程》的主要目的是使同学巩固和深刻理解所学理论知识，掌握电子电路的基本实验技术，提高理论知识的运用能力。通过电路分析基础实验能使同学达到以下基本要求：

1．熟悉常用电子仪器的性能、工作范围和工作条件；并熟练地掌握其使用方法。

2．巩固和深刻理解课堂上所学理论知识；能够看懂并理解实验电路的原理，了解它由哪几部分构成，每个元器件在电路中的作用。

3．学习电路分析基本实验技术，提高理论知识的运用能力。实验课要求每一个初学者要善于独立思考、勤于总结，掌握电路分析实验中规律性的东西。并通过实践加深对理论的理解，逐渐锻炼、培养学生的实际工作能力。

4．初步了解电路分析基础在电子信息技术专业中的应用。

为了达到预期的教学效果，实验课开始前学生应预习本书中相应的实验，并根据实验内容及时查阅相关基本理论知识。实验过程中应仔细看清实验内容、要求及提示，在规定的时间内一项一项地完成。实验结束后，将实验箱、实验工具及仪器等整理好，按步骤要求认真填写实验报告。

本书共分为两部分，第一部分根据《简明电路分析基础》一书各章节内容及教学大纲的要求，编写了十六个相关的实验。书中每一个实验都已进行过实验操作验证。由于课时原因，实验十三、实验十四、实验十五和实验十六读者可选择。第二部分简明扼要介绍了 KHD-1 型电路原理实验箱和一些常用电子仪器仪表的基本原理及使用方法。

由于时间匆促，加上实验条件和编者水平所限，书中难免出现差错和疏漏，恳请读者批评指正。

目 录

第一部分 简明电路分析基础实验 ... 1
- 实验一　电路元件伏安特性的测绘 ... 1
- 实验二　基尔霍夫定律的验证 ... 9
- 实验三　受控源的实验研究（一） ... 14
- 实验四　受控源的实验研究（二） ... 23
- 实验五　网孔和节点分析法的验证 ... 32
- 实验六　叠加原理的验证 ... 40
- 实验七　戴维南定理和有源二端网络等效参数的测定 ... 47
- 实验八　双口网络测试 ... 54
- 实验九　RC 选频网络特性测试 ... 64
- 实验十　RC 一阶电路的观察与研究 ... 72
- 实验十一　二阶动态电路响应的研究 ... 79
- 实验十二　R、L、C 串联谐振电路的研究 ... 87
- 实验十三　互感电路观测 ... 91
- 实验十四　铁磁材料的磁滞回线和基本磁化曲线 ... 95
- 实验十五　二阶网络状态轨迹的显示 ... 102
- 实验十六　电路分析理论在获取温度信息中的应用 ... 106

第二部分 实验用电子仪器仪表 ... 113
- 第一节　示波器 ... 113
- 第二节　函数信号发生器 ... 127
- 第三节　直流稳压电源 ... 130
- 第四节　频率计 ... 135
- 第五节　交流毫伏表 ... 137
- 第六节　万用表 ... 140
- 第七节　KHDL-1 型实验箱简介 ... 142

参考文献 ... 144

第一部分　简明电路分析基础实验

实验一　电路元件伏安特性的测绘

一、实验目的

1. 学会识别常用电路元件的方法。
2. 掌握线性电阻、非线性电阻元件伏安特性的逐点测试法。
3. 掌握实验装置上直流电工仪表和设备的使用方法。

二、实验原理

任何一个二端元件的特性可用该元件两的端电压 U 与通过该元件的电流 I 之间的函数关系 I＝f(U)来表示，即用 I-U 直角坐标系的一条曲线来表征，这条曲线称为该元件的伏安特性曲线。

1. 线性电阻器的伏安特性曲线是一条通过坐标原点的直线，如图 1-1 所示，该直线斜率的倒数反映该电阻器电阻值的大小。

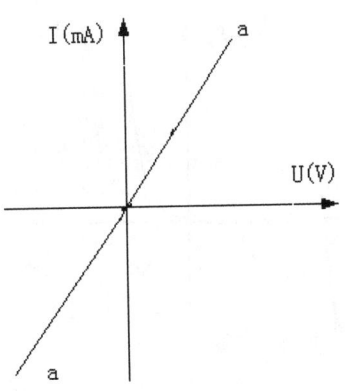

图 1-1　线性电阻器伏安特性曲线

2．一般的半导体二极管是一个非线性电阻元件，其特性如图 1-2 所示。正向压降很小（一般的锗管约为 0.2～0.3V，硅管约为 0.5～0.7V），正向电流随正向压降的升高而急骤上升，而反向电压从零一直增加到几十伏甚至几百伏时，其反向电流增加很小，粗略地可视为零。可见，二极管具有单向导电性，但反向电压加的过高，超过管子的极限值，则会导致管子击穿损坏。

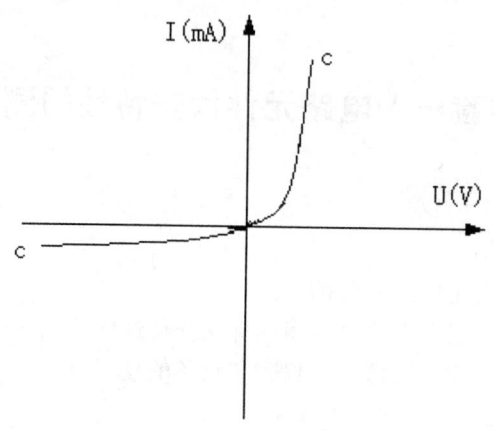

图 1-2　二极管伏安特性曲线

3．稳压二极管是一种特殊的半导体二极管，其正向特性与普通二极管类似，但其反向特性比较特别，如图 1-3 所示。在反向电压开始增加时，其反向电流几乎为零，但当反向电压增加到某一数值时（称为管子的稳压值，有各种不同稳压值的稳压管）电流将突然增加，以后它的端电压将维持恒定，不再随外加的反向电压升高而增大。

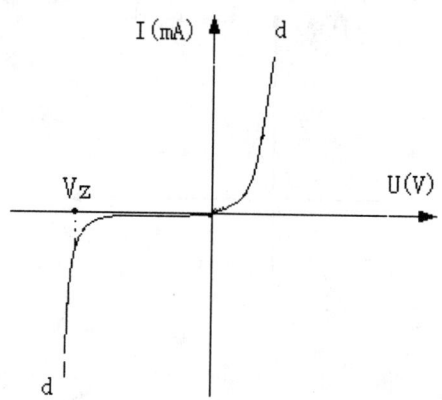

图 1-3　稳压二极管伏安特性曲线

三、实验设备和材料

序 号	名 称	型号与规格	数 量	备 注
1	可调直流稳压电源	0～10V	1	
2	直流数字毫安表		1	
3	二 极 管	1N4007	1	
4	稳 压 管	2CW51	1	
5	线性电阻器	1KΩ,200Ω	1	

四、实验内容

1．线性电阻器伏安特性曲线的测试

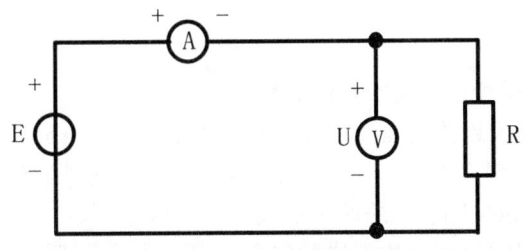

图 1-4 实验电路

（1）在实验箱上连接实验电路如图 1-4 所示。电源 E 用实验箱上直流稳压源，调整"输出粗调"旋钮，调至"0-10V"挡。逆时针旋转"输出细调"旋钮到底。标有"0-30V"字样的两个插线孔为电压输出端。

（2）电流表用实验箱上的直流数字毫安表，选择 20mA 挡按下，按键下边的两个插线孔为直流数字毫安表的"+"接线端与"-"接线端。

（3）选择实验箱右下方标有"R×1K/1W"的旋钮，将旋钮旋转至数字"1"，此时电阻值为 1KΩ。

（4）检查线路连接无误后接通电源。按表 1-1 中的电压值，调节直流稳压源的"输出细调"旋钮。用万用表测量电阻两端的电压，使万用表显示表 1-1 中相应的电压值。读出直流数字毫安表显示的相应电流数值，记录并填写表 1-1

表 1-1

U(v)	0	2	4	6	8	10
I(mA)						

分析表 1-1 中的数据，在 I-U 直角坐标上画出线性电阻器的伏安特性曲线：

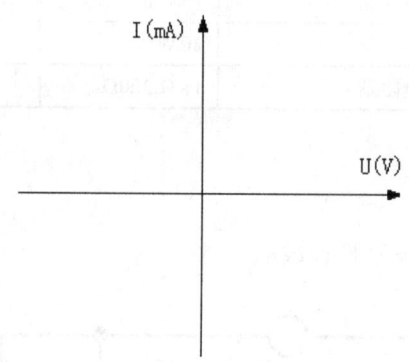

2．半导体二极管正向伏安特性的测绘

（1）在实验箱上连接实验电路如图 1-5 所示。电源 E 用实验箱上直流稳压源，调整"输出粗调"旋钮，调至"0-10V"挡。逆时针旋转"输出细调"旋钮到底。标有"0-30V"字样的两个插线孔为电压输出端。

（2）电流表用实验箱上的直流数字毫安表，选择合适挡按下，按键下边的两个插线孔为直流数字毫安表的"+"接线端与"-"接线端。

（3）限流电阻 R，选择实验箱右下角电阻 200Ω。检查线路连接无误后接通电源。用万用表测量二极管两端的电压，调节直流稳压源的"输出细调"旋钮，使万用表显示表 1-2 中相应的电压值。读出直流数字毫安表显示的相应电流值，记录并填写表 1-2。

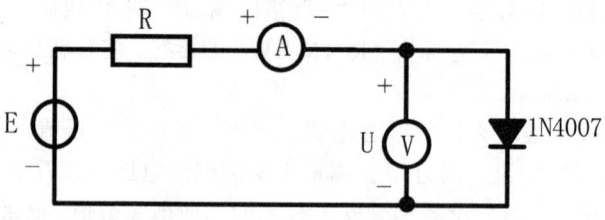

图 1-5 二极管正向特性

表 1-2　正向特性实验数据

U(V)	0	0.2	0.3	0.4	0.5	0.55	0.6	0.65	0.7	0.75
I(mA)										

分析表 1-2 中的数据，在 I-U 平面上画出特征曲线：

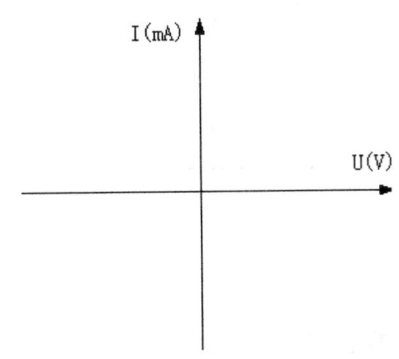

3．半导体二极管反向伏安特性的测绘

（1）在实验箱上连接实验电路如图 1-6 所示。电源 E 用实验箱上直流稳压源，调整"输出粗调"旋钮，调至"0-10V"挡。逆时针旋转"输出细调"旋钮到底。标有"0-30V"字样的两个插线孔为电压输出端。

（2）电流表用实验箱上的直流数字毫安表，选择合适挡按下，按键下边的两个插线孔为直流数字毫安表的"+"接线端与"-"接线端。

（3）限流电阻 R，选择实验箱右下角电阻 200Ω。检查线路连接无误后接通电源。用万用表测量二极管两端的电压，调节直流稳压源的"输出细调"旋钮，使万用表显示表 1-3 中相应的电压值。读出直流数字毫安表显示的相应电流值，记录并填写表 1-3。

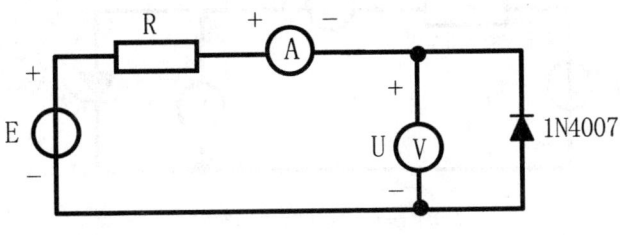

图 1-6　二极管反向特性

表 1-3 反向特性实验数据

U(V)（反向）	0	5	10	15	20	25
I(mA)						

分析表 1-3 中的数据，在 I-U 平面上画出特征曲线：

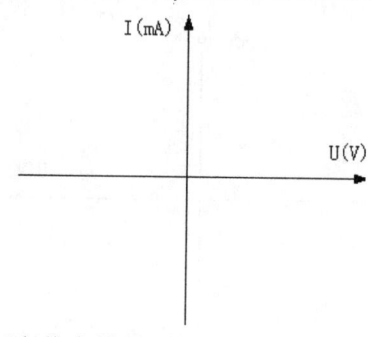

4．稳压二极管的正向伏安特性测绘

（1）在实验箱上连接实验电路如图 1-7 所示。电源 E 用实验箱上直流稳压源，调整"输出粗调"旋钮，调至"0-10V"挡。逆时针旋转"输出细调"旋钮到底。标有"0-30V"字样的两个插线孔为电压输出端。

（2）电流表用实验箱上的直流数字毫安表，选择 20mA 挡按下，按键下边的两个插线孔为直流数字毫安表的"+"接线端与"-"接线端。

（3）限流电阻 R，选择实验箱右下角电阻 200Ω。检查线路连接无误后接通电源。用万用表测量二极管两端的电压，调节直流稳压源的"输出细调"旋钮，使万用表显示表 1-4 中相应的电压值。读出直流数字毫安表显示的相应电流值，记录并填写表 1-4。

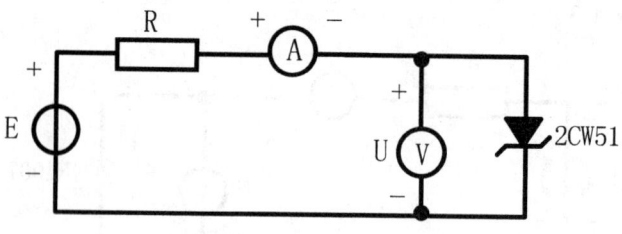

图 1-7 稳压管正向特性

表 1-4 正向特性实验数据

U(V)	0	0.2	0.3	0.4	0.5	0.55	0.6	0.65	0.7	0.75
I(mA)										

分析表 1-4 中的数据，在 I-U 平面上画出特征曲线：

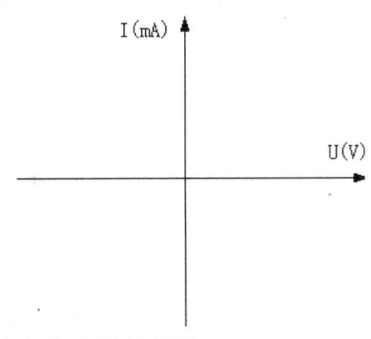

5．稳压二极管的反向伏安特性测绘

（1）在实验箱上连接实验电路如图 1-8 所示。电源 E 用实验箱上直流稳压源，调整"输出粗调"旋钮，调至"0-10V"挡。逆时针旋转"输出细调"旋钮到底。标有"0-30V"字样的两个插线孔为电压输出端。

（2）电流表用实验箱上的直流数字毫安表，选择合适挡按下，按键下边的两个插线孔为直流数字毫安表的"+"接线端与"-"接线端。

（3）限流电阻 R，选择实验箱右下角电阻 200Ω。检查线路连接无误后接通电源。用万用表测量稳压二极管两端的电压，调节直流稳压源的"输出细调"旋钮，使万用表显示表 1-5 中相应的电压值。读出直流数字毫安表显示的相应电流值，记录并填写表 1-5。

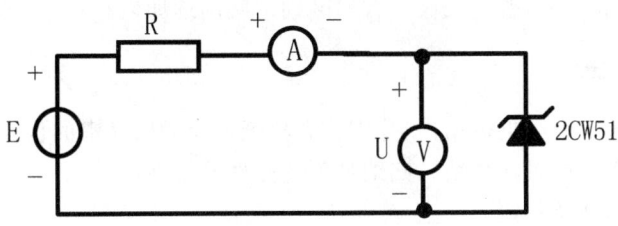

图 1-8 稳压管反向特性

表 1-5 反向特性实验数据

U(V)反向	0	0.5	1.0	1.5	1.7	1.9	2.1	2.3	2.5	2.6
I(mA)										

分析表 1-5 中的数据，在 I-U 平面上画出特征曲线：

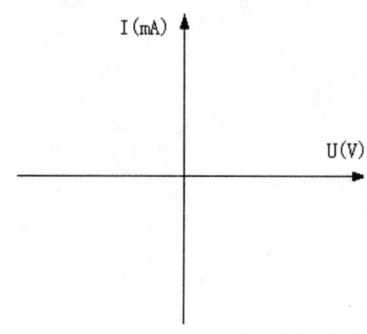

五、实验注意事项

1．测量二极管正向特性时，稳压电源输出应由小至大逐渐增加，应时刻注意电流表读数不得超过 25mA，稳压源输出端切勿碰线短路。

2．进行不同实验时，应先估算电压和电流值，合理选择仪表的量程，勿使仪表超量程，仪表的极性亦不可接错。

六、思考题

1．线性电阻与非线性电阻的概念是什么?电阻器与二极管的伏安特性有何区别?

2．稳压二极管与普通二极管有何区别，其用途如何?

七、实验报告

1．根据各实验结果数据，分别在方格纸上绘制出光滑的伏安特性曲线。

2．根据实验结果，总结、归纳被测各元件的特性。

3．心得体会及其他。

实验二　基尔霍夫定律的验证

一、实验目的

验证基尔霍夫电流定律 KCL 的正确性；基尔霍夫电压定律 KVL 的正确性。

二、实验原理

支路：在集总电路中，每一个二端元件都可视为一条支路。
节点：两条或两条以上支路的连接点。
回路：电路中的任一闭合路径称为回路。
基尔霍夫电流定律（KCL）：对于任一集总电路中的任一节点，在任一时刻，流出（或流进）该节点的所有支路电流的代数和为零。其数学表示式为

$$\sum_{k=1}^{k} i_k(t) = 0 \quad\quad (2-1)$$

式中 $i_k(t)$ 为流出（或流进）该节点的第 k 条支路的电流，K 为该节点处的支路数。

不论电路中的元件如何，只要是集总电路，KCL 就总是成立的。

基尔霍夫电压定律（KVL）：对任一集总电路中的任一回路，在任一时刻，沿着该回路的所有支路电压降的代数和为零。其数学表达式为

$$\sum_{k=1}^{k} u_k(t) = 0 \quad\quad (2-2)$$

式中 $u_k(t)$ 为该回路的第 k 条支路电压，K 为该回路中的支路数。

不论电路中的元件如何，只要是集总电路，KVL 就总是成立的。

三、实验设备和材料

序号	名　　称	型号与规格	数量	备　注
1	直流稳压电源	+6，12V 切换	1	
2	可调直流稳压电源	0～10V	1	
3	直流数字电压表		1	
4	直流数字毫安表		1	

四、实验内容

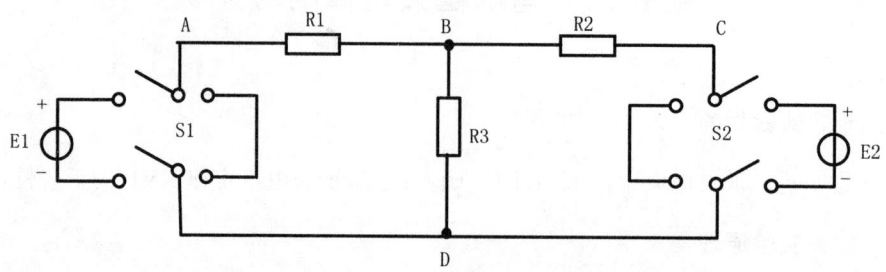

图 2-1 实验电路

1. 在实验箱上基尔霍夫定律实验区域，连接电路如图 2-1 所示。用红色导线将实验箱上直流稳压源中"+12V"与基尔霍夫定律实验区域内 E_1 的"+"相连，用黑色导线将直流稳压源中"地"与基尔霍夫定律实验区内 E_1 的"-"相连。将实验箱上直流稳压源中"输出粗调"旋钮旋调至"0-10V"挡，万用表调至直流电压挡，测量"0-30V"输出端的电压，同时旋动"输出细调"旋钮，使万用表显示电压为"+6V"。用红色导线将直流稳压源中"0-30V"的"+"与基尔霍夫定律实验区内 E_2 的"+"相连，用黑色导线将直流稳压源中"0-30V"的"-"与基尔霍夫定律实验区内 E_2 的"-"相连。

2. 令 E_1 电源单独作用（将开关 S_1 投向 E_1 侧，开关 S_2 投向短路侧），分别按图 2-2a、图 2-2b 和图 2-2c 所示连接电路；用直流数字毫安表（实验箱自带毫安表）测量电流 I_1、I_2 和 I_3；用万用表的直流电压挡测量电阻两端电压 U_{AB}、U_{BC} 和 U_{BD}；正确读取数据，并填写表 2-1。

注意：测量电流时一定要将毫安表串联到电路中，电流从毫安表的"+"流入，从"-"流出。

测量电压时一定要将电压表并联在电路中，电压表的"+"接到电流流入被测器件的那端，电压表的"-"接到电流流出被测器件的那端。

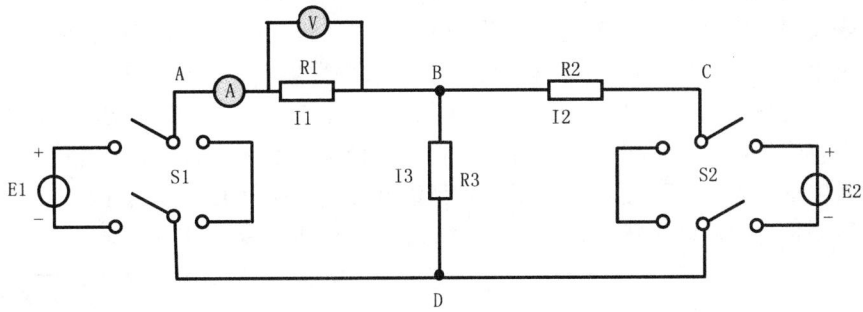

图 2-2a

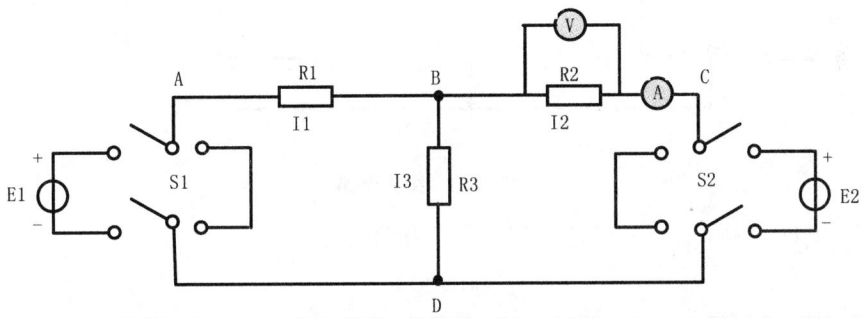

图 2-2b

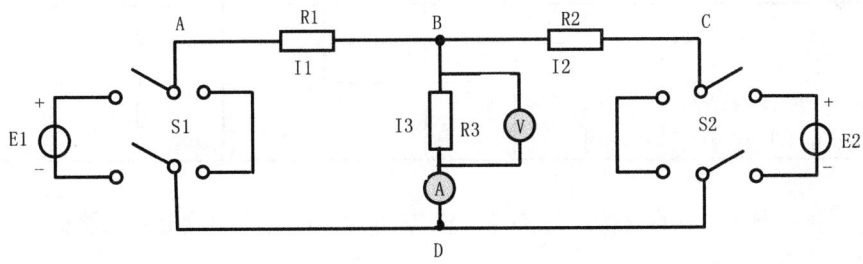

图 2-2c

3．令 E_2 电源单独作用时（将开关 S_1 投向短路侧，开关 S_2 投向 E_2 侧），用直流数字毫安表（实验箱自带毫安表）测量电流 I_1、I_2 和 I_3；用万用表的直流电压挡测量电阻两端电压 U_{AB}、U_{BC} 和 U_{BD}；正确读取数据，并填写表 2-1。

4. 令 E_1 和 E_2 共同作用时（开关 S_1 和 S_2 分别投向 E_1 和 E_2 侧），用直流数字毫安表（实验箱自带毫安表）测量电流 I_1、I_2 和 I_3；用万用表的直流电压挡测量电阻两端电压 U_{AB}、U_{BC} 和 U_{BD}；正确读取数据，并填写表 2-1。

5. 保持 E_1 接+12V 电源不变（开关 S_1 投向 E_1 侧），将 E_2 用实验箱以外的独立直流稳压电源输出+6V 代替，并将正负极颠倒连接，如图 2-3 所示。用直流数字毫安表（实验箱自带毫安表）测量电流 I_1、I_2 和 I_3；用万用表的直流电压挡测量电阻两端电压 U_{AB}、U_{BC} 和 U_{BD}；正确读取数据，并填写表 2-1。

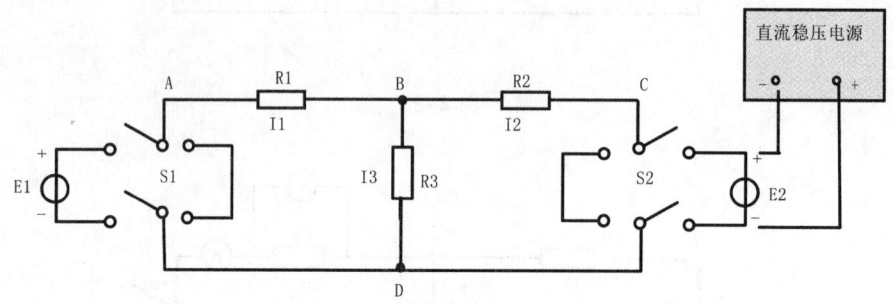

图 2-3 实验电路

注意：测量电压和电流过程中参考方向的选取！

表 2-1

测量项目 实验内容	E_1 (v)	E_2 (v)	I_1 (mA)	I_2 (mA)	I_3 (mA)	U_{AB} (v)	U_{BC} (v)	U_{BD} (v)
E_1 单独作用								
E_2 单独作用								
E_1、E_2 共同作用								
E_2 正负极颠倒后 E_1、E_2 共同作用								

分析表 2-1 中的数据，列 KCL、KVL 方程，将表中的数值代入验证，是否满足 KCL、KVL？

五、实验注意事项

1. 实验箱及电源通电前，认真检查电路，无误后再通电。
2. 测量各支路电流时，应注意仪表的极性，及数据表格中"+、—"号的记录。

3．注意仪表量程的及时更换。

4．在测量电流前一定要规定参考方向。

六、思考题

KCL、KVL 中电流、电压的正负号如何确定？

七、实验报告

1．根据实验数据验证基尔霍夫定理。试用上述实验数据，进行计算并作结论。

2．心得体会及其他。

实验三 受控源的实验研究（一）

（VCVS 与 VCCS）

一、实验目的

1．了解用运算放大器组成 VCVS 和 VCCS 受控源的线路原理。
2．掌握测试受控源 VCVS 和 VCCS 转移特性及负载特性的方法。

二、实验原理

1．运算放大器（简称运放）的电路符号及其等效电路如图 3-1 所示：

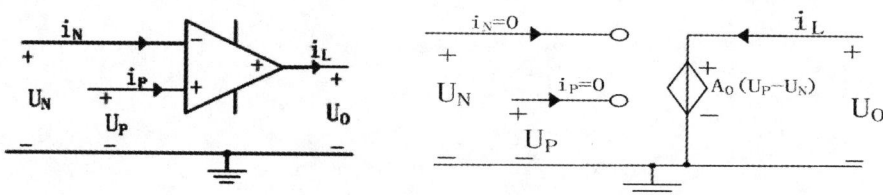

图 3-1 运算放大器的电路符号及等效电路

运算放大器是一个有源三端器件，它有两个输入端和一个输出端，若信号从"＋"端输入，则输出信号与输入信号相位相同，故称为同相输入端；若信号从"－"端输入，则输出信号与输入信号相位相反，故称为反相输入端。运算放大器的输出电压为

$$U_0 = A_0(U_P - U_N) \tag{3-1}$$

其中 A_0 是运放的开环电压放大倍数，在理想情况下，A_0 与运放的输入电阻 R_i 均为无穷大，因此有

$$U_P = U_N \quad i_p = \frac{u_p}{R_{ip}} = 0 \qquad i_n = \frac{u_n}{R_{in}} = 0 \tag{3-2}$$

这说明理想运放具有下列三大特征：
（1）运放的"＋"端与"－"端电位相等，通常称为"虚短路"。
（2）运放输入端电流为零，即其输入电阻为无穷大。
（3）运放的输出电阻为零。

以上三个重要的性质是分析所有具有运放网络的重要依据。要使运放工作，还须接有正、负直流工作电源（称双电源），有的运放可用单电源工作。

2．理想运放的电路模型是一个受控源——电压控制电压源（即 VCVS），如图 3-2(b)所示，在它的外部接入不同的电路元件，可构成四种基本受控源电路，以实现对输入信号的各种模拟运算或模拟变换。

3．受控源：

受控源是由电子器件抽象而来的一种模型。如，晶体管、真空管等。

受控源是一种双口元件，它含有两条支路，其一为控制支路，这条支路或为开路或为短路，另一为受控制支路，这条支路或用一个受控"电压源"表明该支路的电压受控制的性质，或用一个受控"电流源"表明该支路的电流受控制的性质。这两种"电源"本非严格意义上的电源。受控源只是表明电路内部电子器件中所发生物理现象的一种模型，用以表明电子器件的"互参数"或电压、电流"转移"关系的一种方式而已。

4．受控源的种类可分为：

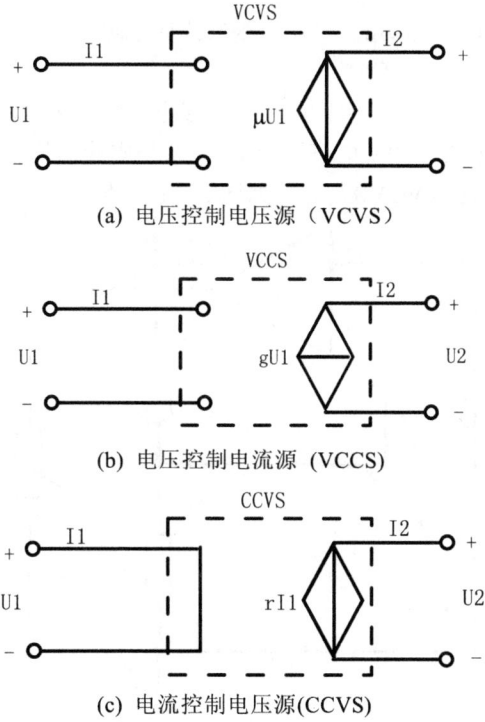

(a) 电压控制电压源（VCVS）

(b) 电压控制电流源（VCCS）

(c) 电流控制电压源（CCVS）

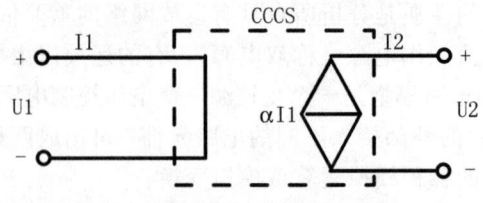

(d) 电流控制电流源(CCCS)

图 3-2 受控源的四种类型

5．受控源的控制端与受控端的关系称为转移函数。
四种受控源转移函数参量的定义如下：
(1) 压控电压源（VCVS）
 $U_2=f(U_1)$　　　　$\mu=U_2/U_1$ 称为转移电压比（或电压增益）。
(2) 压控电流源（VCCS）
 $I_2=f(U_1)$　　　　$g_m=I_2/U_1$ 称为转移电导。
(3) 流控电压源（CCVS）
 $U_2=f(I_1)$　　　　$r_m=U_2/I_1$ 称为转移电阻。
(4) 流控电流源（CCCS）
 $I_2=f(I_1)$　　　　$\alpha=I_2/I_1$ 称为转移电流比（或电流增益）。

6．用运放构成受控源 VCVS 与 VCCS 的基本线路原理分析。
(1) 压控电压源（VCVS）　　如图 3-3 所示。

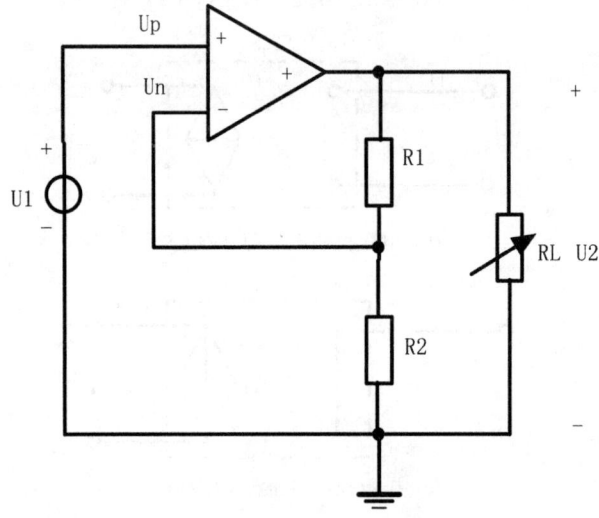

图 3-3 用运放构成的压控电压源

由于运放的虚短路特性，有

$$u_p = u_n = u_1 \qquad i_2 = \frac{u_n}{R_2} = \frac{u_1}{R_2} \tag{3-3}$$

又因运放内阻为∞　　　有　$i_1 = i_2$

因此　　$u_2 = i_1 R_1 + i_2 R_2 = i_2(R_1 + R_2) = \dfrac{u_1}{R_2}(R_1 + R_2) = (1 + \dfrac{R_1}{R_2})u_1$

即运放的输出电压 u_2 只受输入电压 u_1 的控制与负载 R_L 大小无关，电路模型如图 4-2(a)所示。

转移电压比　　$\mu = \dfrac{u_2}{u_1} = 1 + \dfrac{R_1}{R_2}$ \qquad\qquad (3-4)

μ 为无量纲，又称为电压放大系数。

这里的输入、输出有公共接地点，这种连接方式称为共地连接。

（2）压控电流源（VCCS）　将图 3-3 的 R_1 看成一个负载电阻 R_L，如图 3-4 所示，即成为压控电流源 VCCS。

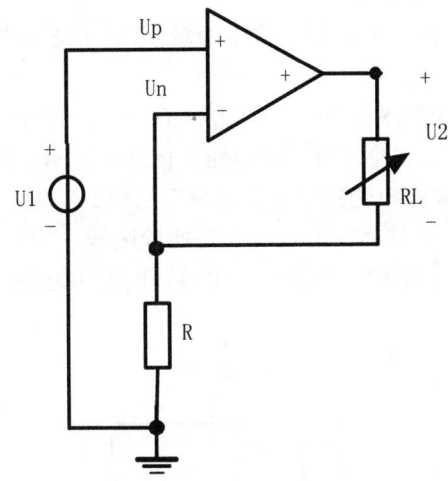

图 3-4　用运放构成的压控电流源

此时，运放的输出电流

$$i_L = i_R = \frac{u_n}{R} = \frac{u_1}{R} \tag{3-5}$$

即运放的输出电流 i_L 只受输入电压 u_1 的控制，与负载 R_L 大小无关。电路模型如图 3-2(b)所示。

转移电导 $\quad g_m = \dfrac{i_L}{u_1} = \dfrac{1}{R}$ （S） (3-6)

这里的输入、输出无公共接地点，这种连接方式称为浮地连接。

三、实验设备和材料

序号	名称	型号与规格	数量	备注
1	可调直流稳压电源	0～10V	1	
2	可调直流恒流源	0～200mA	1	
3	直流数字电压表		1	
4	直流数字毫安表		1	

四、实验内容

本次实验中受控源全部采用直流电源激励,对于交流电源或其他电源激励，实验结果是一样的。

1. 测量受控源 VCCS 的转移特性 $I_L = f(U_1)$ 及负载特性 $I_L = f(U_2)$

在实验箱上受控源实验区域连接电路如图 3-5 所示。将直流稳压源+12V、地、-12V 分别与"实验箱受控源实验区域"的+12V、地、-12V 相连接。直流稳压源的 0-30V 输出端接"实验箱受控源实验区域"的 U_1，"输出粗调"旋至 0-10V 挡。将直流数字毫安表串联接入电路，R_L 用实验箱右下方 1-10K/1W 可调电阻。

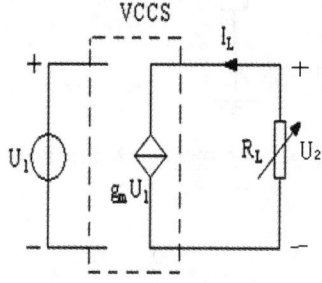

图 3-5 VCCS 实验线路

（1）固定 $R_L = 2K\Omega$，调节直流稳压源"输出细调"旋钮，使输出压 U_1 在 0.5V～5.0V 范围内取值。在直流数字毫安表上读出 I_L 的数值，填写表 3-1，并由其线性部分求出转移电导 g_m。

表 3-1

测量值	$U_1(V)$	0.5	1.0	1.5	2.0	2.5	3.0	3.5	4.0	4.5	5.0
	$I_L(mA)$										
实验计算值 $g_m(S)=I_L/U_1$	$g_m(S)$										

绘制 $I_L = f(U_1)$ 曲线，并根据图形得出结论。

（2）连接电路如图 3-5 所示，保持 $U_1 = 2V$，将直流数字毫安表串联接入电路，令 R_L 从 0 增至 10KΩ，测量相应的 I_L 及 U_2 的数值，填写表 3-2。

表 3-2

$R_L(KΩ)$	0	1	2	3	4	5	6	7	8	9	10
I_L (mA)											
U_2 (V)											

绘制 $I_L = f(U_2)$ 曲线，并根据图形得出结论。

2．测量受控源 VCVS 的转移特性 $U_2=f(U_1)$ 及负载特性 $U_2=f(I_L)$。

实验线路如图 3-6 所示，在实验箱上连线图如图 3-7 所示。

在实验箱上受控源实验区域连接电路如图 3-6 所示。将直流稳压源+12V、地、-12V 分别与"实验箱受控源实验区域"的+12V、地、-12V 相连接。直流稳压源的 0-30V 输出端接"实验箱受控源实验区域"的 U_1,"输出粗调"旋至 0-10V 挡。R_L 用实验箱右下方 1-10K /1W 可调电阻。

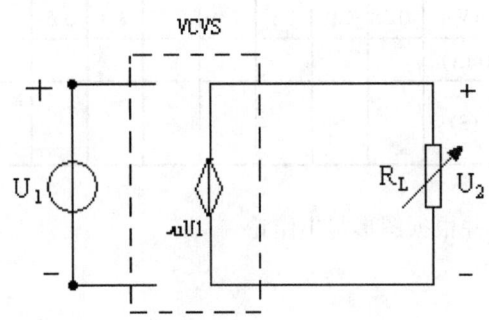

图 3-6　VCVS 实验线路

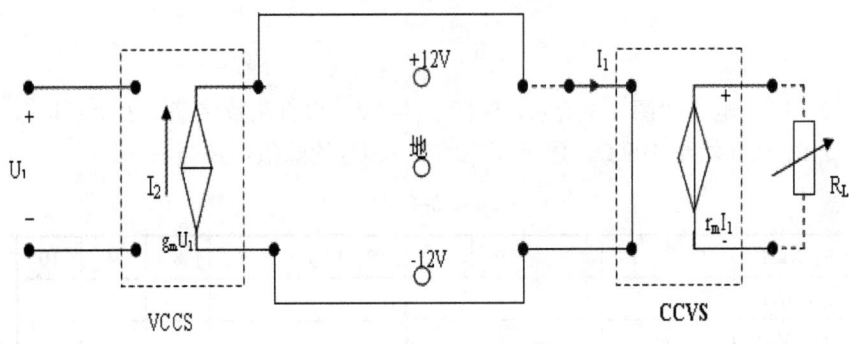

图 3-7　VCVS 实物连接图

（1）固定 $R_L=2K\Omega$，按照表 3-3 中 U_1 的数值，调节直流稳压源"输出细调"旋钮，电压相应的电压，用万用表测量 U_2 的电压值，并由其线性部分求出转移电压比 μ。

表 3-3

测量值	$U_1(V)$	0.5	1.0	1.5	2.0	2.5	3.0	3.5	4.0
	$U_2(V)$								
实验计算值 μ=U_2/U_1	μ								

绘制 $U_2=f(U_1)$ 曲线，并根据图形得出结论。

（2）连接电路如图 3-7 所示，保持 $U_1=2V$，将直流数字毫安表串联接入电路，令 R_L 阻值从 1KΩ 增至 ∞，测量相应的 I_L 及 U_2 的数值，填写表 3-4。

表 3-4

$R_L(KΩ)$	1	2	3	4	5	6	7	8	9	10	∞
$U_2(V)$											
$I_L(mA)$											

绘制 $U_2=f(I_L)$ 曲线，并根据图形得出结论。

五、实验注意事项

1．实验中，注意运放的输出端不能与地短接，输入电压不得超过 10V。
2．在用恒流源供电的实验中，不要使恒流源负载开路。

六、思考题

1．试比较四种受控源的代号、电路模型、控制量与被控制量之间的关系。
2．四种受控源中的 $μ$、g_m、r_m 和 $α$ 的意义是什么？如何测得？
3．受控源的输出特性是否适于交流信号。

七、实验报告

1. 对有关的思考题作必要的回答。
2. 认真填写实验报告。
3. 对实验的结果作出合理地分析和结论。
4. 心得体会及其他。

实验四　受控源的实验研究（二）

（CCVS 与 CCCS）

一、实验目的

1．了解用运算放大器组成 CCVS 与 CCCS 受控源的线路原理。
2．掌握测试受控源 CCVS 与 CCCS 转移特性及负载特性的方法。

二、实验原理

1．运算放大器（简称运放）的电路符号及其等效电路如图 4-1 所示：

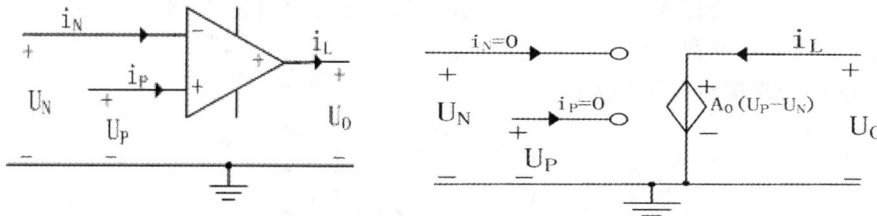

图 4-1　运算放大器的电路符号及其等效电路

运算放大器是一个有源三端器件，它有两个输入端和一个输出端，若信号从"＋"端输入，则输出信号与输入信号相位相同，故称为同相输入端；若信号从"－"端输入，则输出信号与输入信号相位相反，故称为反相输入端。运算放大器的输出电压为

$$u_0 = A_0(u_p - u_n) \tag{4-1}$$

其中 A_0 是运放的开环电压放大倍数，在理想情况下，A_0 与运放的输入电阻 R_i 均为无穷大，因此有

$$u_p = u_n \tag{4-2}$$

$$i_p = \frac{u_p}{R_{ip}} = 0 \qquad i_n = \frac{u_n}{R_{in}} = 0 \tag{4-3}$$

这说明理想运放具有下列三大特征：
（1）运放的"＋"端与"－"端电位相等，通常称为"虚短路"。
（2）运放输入端电流为零，即其输入电阻为无穷大。

（3）运放的输出电阻为零。

以上三个重要的性质是分析所有具有运放网络的重要依据。要使运放工作，还须接有正、负直流工作电源（称双电源），有的运放可用单电源工作。

2．理想运放的电路模型是一个受控源——电压控制电压源（即 VCVS），如图 4-2(b)所示，在它的外部接入不同的电路元件，可构成四种基本受控源电路，以实现对输入信号的各种模拟运算或模拟变换。

3．受控源：

受控源是由电子器件抽象而来的一种模型。如：晶体管、真空管等。

受控源是一种双口元件，它含有两条支路，其一为控制支路，这条支路或为开路或为短路，另一为受控制路，这条支路或用一个受控"电压源"表明该支路的电压受控制的性质，或用一个受控"电流源"表明该支路的电流受控制的性质。这两种"电源"本非严格意义上的电源。受控源只是表明电路内部电子器件中所发生物理现象的一种模型，用以表明电子器件的"互参数"或电压、电流"转移"关系得一种方式而已。

4．受控源的种类可分为：

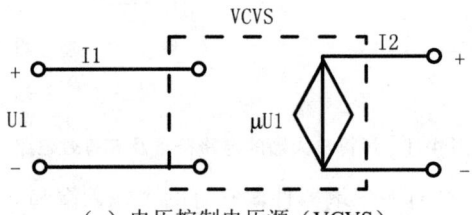

(a) 电压控制电压源（VCVS）

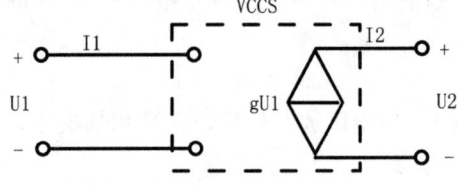

(b) 电压控制电流源 (VCCS)

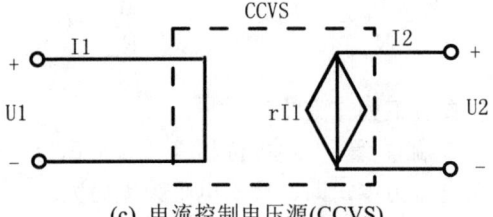

(c) 电流控制电压源(CCVS)

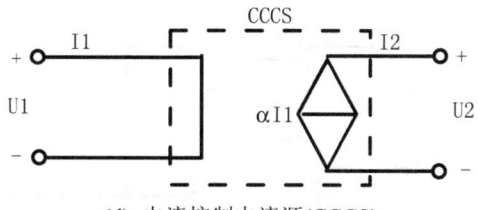

(d) 电流控制电流源(CCCS)

图 4-2 受控源的四种类型

5．受控源的控制端与受控端的关系称为转移函数。

四种受控源转移函数参量的定义如下：

（1）压控电压源（VCVS）

$U_2 = f(U_1)$　　　　$\mu = U_2/U_1$ 称为转移电压比（或电压增益）。

（2）压控电流源（VCCS）

$I_2 = f(U_1)$　　　　$g_m = I_2/U_1$ 称为转移电导。

（3）流控电压源（CCVS）

$U_2 = f(I_1)$　　　　$r_m = U_2/I_1$ 称为转移电阻。

（4）流控电流源（CCCS）

$I_2 = f(I_1)$　　　　$\alpha = I_2/I_1$ 称为转移电流比（或电流增益）。

6．用运放构成受控源 CCVS 与 CCCS 的基本线路原理分析。

（1）流控电压源（CCVS）　如图 4-3 所示

由于运放的"＋"端接地，所以 $u_p = 0$，"－"端电压 u_n 也为零，此时运放的"－"端称为虚地点。显然，流过电阻 R 的电流 i_1 就等于网络的输入电流 i_S。

此时，运放的输出电压 $u_2 = -i_1 R = -i_S R$，即输出电压 u_2 只受输入电流 i_S 的控制，与负载 R_L 大小无关，电路模型如图 4-2(c)所示。

转移电阻　　$r_m = \dfrac{u_2}{i_S} = -R$ （Ω）

此电路为共地联接。

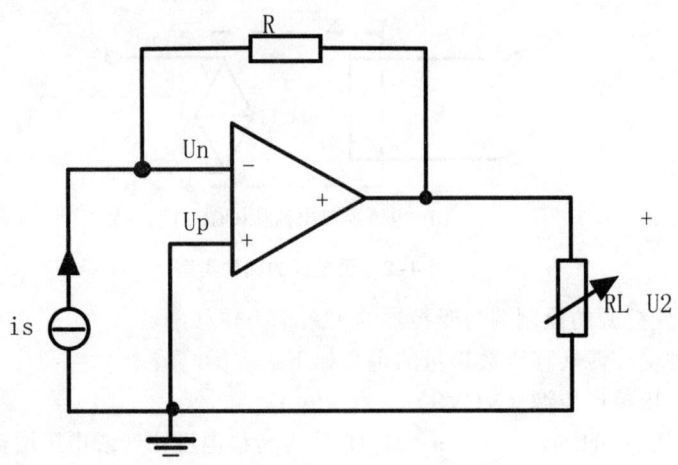

图 4-3　用运放构成的流控电压源

（2）流控电流源（CCCS）　　如图 2.4.4 所示：

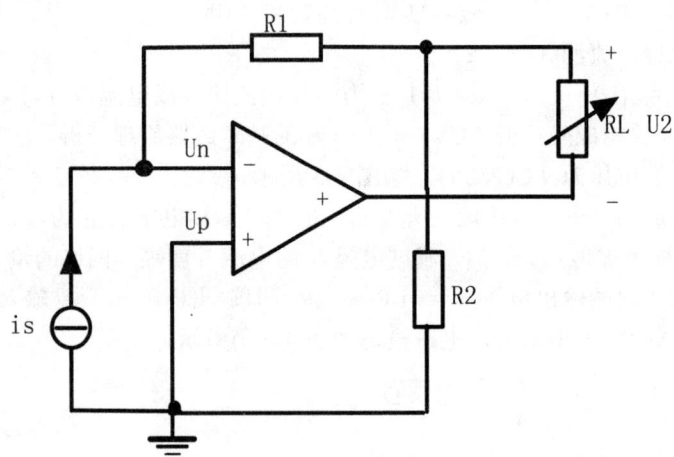

图 4-4　用运放构成的流控电流源

$$u_a = -i_2 R_2 = -i_1 R_1 \tag{4-4}$$

$$i_L = i_1 + i_2 = i_1 + \frac{R_1}{R_2} i_1 = (1 + \frac{R_1}{R_2}) i_1 = (1 + \frac{R_1}{R_2}) i_s \tag{4-5}$$

即输出电流 i_L 只受输入电流 i_S 的控制，与负载 R_L 大小无关。电路模型如图 4-2(d)所示

转移电流比 $\quad \alpha = \dfrac{i_L}{i_S} = (1 + \dfrac{R_1}{R_2})$ （4-6）

α 为无量纲，又称为电流放大系数。此电路为浮地联接。

三、实验设备和材料

序号	名　　称	型号与规格	数量	备注
1	可调直流稳压电源	0～10V	1	
2	可调直流恒流源	0～200mA	1	
3	直流数字电压表		1	
4	直流数字毫安表		1	

四、实验内容

本次实验中受控源全部采用直流电源激励，对于交流电源或其他电源激励，实验结果是一样的。

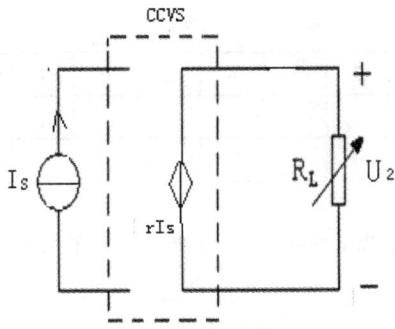

图 4-5　CCVS 的实验线路

1. 测量受控源 CCVS 的转移特性 $U_2 = f(I_S)$ 及负载特性 $U_2 = f(I_L)$。

在实验箱上受控源实验区域连接电路如图 4-5 所示。将直流稳压源+12V、地、-12V 分别与"实验箱受控源实验区域"的+12V、地、-12V 相连接。直流恒流源接实验箱受控源实验区域的 I_S，将直流恒流源的"输出粗调"旋钮旋至 2mA 挡。R_L 用实验箱右下方 1-10K/1W 可调电阻。

（1）固定 $R_L = 2K\Omega$，按表 4-1 中数据调节直流恒流源"输出细调"旋钮，输出电流 I_S，用万用表测量电压 U_2 的数值，填写表 2.4.1，并由其线性部分求

出转移电阻 r_m。

表 4–1

测量值	I_S(mA)	0.1	0.15	0.2	0.25	0.3	0.35	0.4	0.45	0.5
	U_2(V)									
实验计算值 $r_m=U_2/I_S$	r_m(KΩ)									

绘制 $U_2 = f(I_S)$ 曲线，并根据图形得出结论。

（2）连接电路如图 4-5 所示，保持 $I_S = 0.3$mA，将直流数字毫安表串联接入电路中。令 R_L 从 1KΩ 增至 ∞，测量 U_2 及 I_L 的数值，填写表 4-2。

表 4–2

R_L(KΩ)	1	2	3	4	5	6	7	8	9	10	∞
U_2(V)											
I_L(mA)											

绘制负载特性曲线 $U_2 = f(I_L)$，并根据图形得出结论。

2. 测量受控源 CCCS 的转移特性 $I_L = f(I_S)$ 及负载特性 $I_L = f(U_2)$。

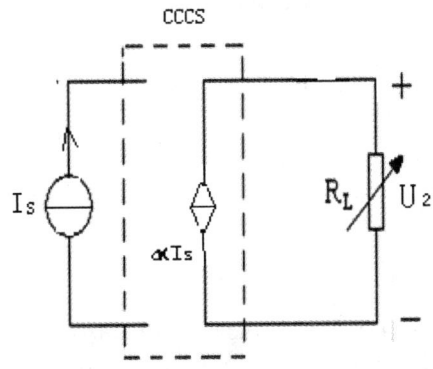

图 4-6 CCCS 的实验线路

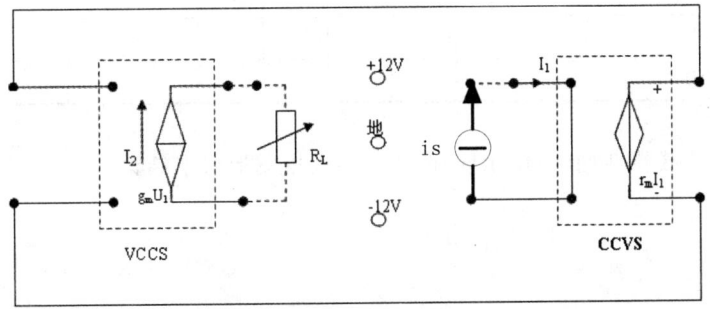

图 4-7 CCCS 的实物连接图

在实验箱上受控源实验区域连接电路如图 4-7 所示。将直流稳压源+12V、地、-12V 分别与"实验箱受控源实验区域"的+12V、地、-12V 相连接。直流恒流源接实验箱受控源实验区域的 I_S,将直流恒流源的"输出粗调"旋钮旋至 2mA 挡。R_L 用实验箱右下方 1-10K /1W 可调电阻。

(1) 固定 $R_L=2K\Omega$,根据表 4-3 中的数据调节直流恒流源"输出细调"旋钮,输出电流 I_S,测量电流 I_L 并填写表 4-3,由其线性部分求出转移电流比 α。

表 4-3

测量值	I_S(mA)	0.05	0.1	0.15	0.2	0.25	0.3	0.35	0.4
	I_L(mA)								
实验计算值 α=I_L/I_S	α								

绘制 $I_L=f(I_S)$ 曲线，并根据图形得出结论。

（2）连接电路如图 4-7 所示，保持 $I_S=0.1mA$，将直流数字毫安表串联接入电路。令 R_L 从 0 增至 $10K\Omega$，测量 I_L 及 U_2 的数值，填写表 4-4。

表 4–4

$R_L(K\Omega)$	0	1	2	3	4	5	6	7	8	9	10
$I_L(mA)$											
$U_2(V)$											

绘制负载特性曲线 $I_L=f(U_2)$ 曲线，并根据图形得出结论。

五、实验注意事项

1．实验中，注意运放的输出端不能与地短接，输入电压不得超过 10V。
2．在用恒流源供电的实验中，不要使恒流源负载开路。

六、思考题

1．受控源与独立源相比有何异同？
2．四种受控源中的 μ、g_m、r_m 和 α 的意义是什么？如何测得？
3．若受控源控制量的极性反向，其输出极性是否发生变化？

七、实验报告

1．对有关的思考题作必要的回答。
2．认真填写实验报告。
3．对实验的结果作出合理地分析和结论。
4．心得体会及其他。

实验五 网孔和节点分析法的验证

一、实验目的：

1．掌握网孔分析法的理论计算及实验方法。
2．掌握节点分析法的理论计算及实验方法。
3．验证网孔分析法和节点分析法的正确性。

二、实验原理

网孔：在集成电路中，内部不含有支路的回路称为网孔。

网孔分析法：以网孔电流为独立变量的分析方法称为网孔分析法。它只适用于平面电路。

网孔电流是指一种沿着网孔边界流动的假想电流，如图 5-1 中虚线所示。

网孔电流是一组独立的、完备的电流变量。

独立性分析：由于任一网孔电流是沿着构成该网孔的各个支路流动的，不难想像，对任一节点而言，一网孔电流如果流入该节点，必定将流出该节点（如图 5-1 所示），因此，对一节点所建立的 KCL 方程两边恒为零。这说明无法使一个网孔电流可由其他网孔电流线性表示。所以，各网孔电流是彼此独立的。

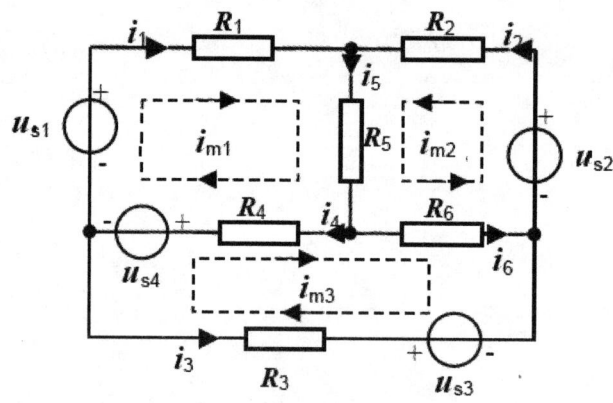

图 5-1 网孔电流

完备性分析：对电路中的任一支路而言，要么属于相邻的两个网孔，要么只属于一个网孔。若只属于一个网孔，则该支路的电流就等于所属网孔的网孔电流，若属于两个相邻的网孔，则该支路的电流应等于所属两网孔的网孔电流的代数和（参见图 5-1）。这说明，只要求得网孔电流，就可求得各支路电流，进而求得支路电压等，从而，实现了电路分析的目标。所以，网孔电流是完备的。

一个平面电路有几个网孔，就有几个网孔电流。如果这几个网孔电流是"完备"的，则其他支路的电流也可以间接求出。根据欧姆定律、基尔霍夫电压定律及假设网孔电流的方向与列方程时绕行的方向一致，可得到图 5-1 电路的联立方程：

$$R_1 i_{m1} + R_5 i_{m1} + R_5 i_{m2} + R_4 i_{m1} - R_4 i_{m3} + u_{s4} - u_{s1} = 0 \quad (5\text{-}1)$$

$$R_2 i_{m2} + R_5 i_{m2} + R_5 i_{m1} + R_6 i_{m2} + R_6 i_{m3} - u_{s2} = 0 \quad (5\text{-}2)$$

$$R_3 i_{m3} + R_4 i_{m3} - R_4 i_{m1} + R_6 i_{m3} + R_6 i_{m2} - u_{s4} - u_{s3} = 0 \quad (5\text{-}3)$$

整理可得：

$$(R_1 + R_5 + R_4) i_{m1} + R_5 i_{m2} - R_4 i_{m3} = u_{s1} - u_{s4} \quad (5\text{-}4)$$

$$R_5 i_{m1} + (R_2 + R_5 + R_6) i_{m2} + R_6 i_{m3} = u_{s2} \quad (5\text{-}5)$$

$$-R_4 i_{m1} + R_6 i_{m2} + (R_3 + R_4 + R_6) i_{m3} = u_{s4} + u_{s3} \quad (5\text{-}6)$$

知道了电压源电压及各电阻的阻值，就可以解出各网孔电流，进一步即可解出各支路电流。

2．节点分析法

基本思想：以独立节点电压为求解变量，根据 KCL 对独立节点列写方程，联立可解出节点电压及其他未知量。

节点分析法：以节点电压为独立变量的分析方法称为节点分析法。

节点电压：在电路中任选一节点作为参考节点，设其电位为零，则其他节点到该节点的电压就是节点电压。

建立节点方程的步骤：

（1）选定参考节点。

（2）用节点电压表示支路电流。

（3）移项整理后得以节点电压为变量的节点方程。

"节点分析法"举例：

用节点分析法求图 5-2 中节点 1、2、3 的电压 U_1、U_2、U_3 的数值？

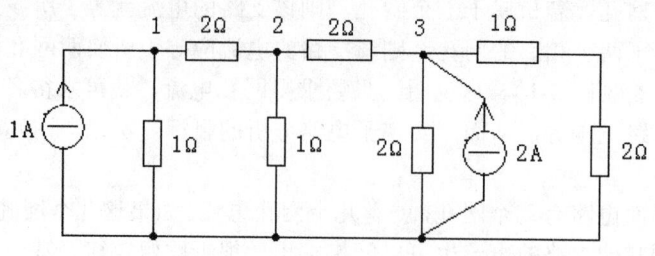

图 5-2

图 5-3

设节点 4 为参考点，节点电位为 U_1、U_2、U_3　电路如图 5-3 所示，则节点方程为：

$$\left(\frac{1}{2}+1\right)U_1 - \frac{1}{2}U_2 = 1 \tag{5-7}$$

$$-\frac{1}{2}U_1 + \left(\frac{1}{2}+\frac{1}{2}+1\right)U_2 - \frac{1}{2}U_3 = 0 \tag{5-8}$$

$$-\frac{1}{2}U_2 + \left(\frac{1}{2}+\frac{1}{2}+\frac{1}{3}\right)U_3 = 2 \tag{5-9}$$

经整理得：

$$\frac{1}{3}U_1 - \frac{1}{2}U_2 = 1 \tag{5-10}$$

$$-\frac{1}{2}U_1 + 2U_2 - \frac{1}{2}U_3 = 0 \tag{5-11}$$

$$-\frac{1}{2}U_2 + \frac{4}{3}U_3 = 2 \tag{5-12}$$

经解方程（5-10）、（5-11）和（5-12）可得出节点电压 U_1、U_2、U_3 的数值。

节点方程的物理意义是：在各节点电压的共同作用下，流出某节点的电流代数和等于流入该节点电流源的电流的代数和。

三、实验设备和材料

序号	名　　称	型号与规格	数量	备注
1	直流稳压电源	+6, 12V 切换	1	
2	可调直流稳压电源	0～10V	1	
3	直流数字电压表		1	
4	直流数字毫安表		1	

四、实验内容

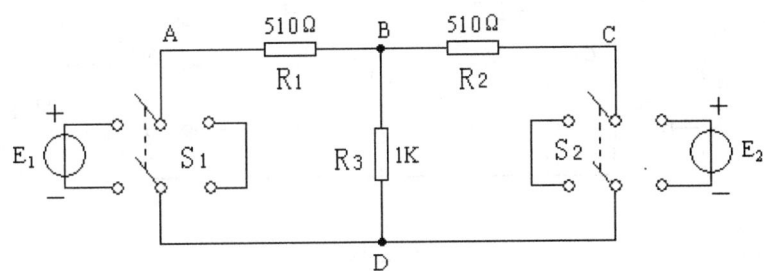

图 5-4　实验电路

利用实验箱上基尔霍夫定理实验区进行网孔分析法与节点分析法的实验。在实验箱上连接电路如图 5-4 所示。用红色导线将实验箱上直流稳压源中"+12V"与基尔霍夫定律实验区域内 E_1 的"+"相连,用黑色导线将直流稳压源中"地"与基尔霍夫定律实验区内 E_1 的"-"相连。将实验箱上直流稳压源中"输出粗调"旋钮旋调至"0-10V"挡,万用表调至直流电压挡,测量"0-30V"输出端的电压,同时旋动"输出细调"旋钮,使万用表显示电压为"+9V"。用红色导线将直流稳压源中"0-30V"的"+"与基尔霍夫定律实验区内 E_2 的"+"相连,用黑色导线将直流稳压源中"0-30V"的"-"与基尔霍夫定律实验区内 E_2 的"-"相连。

1. 令 E_1 电源单独作用(将开关 S_1 投向 E_1 侧,开关 S_2 投向短路侧),分别按图 5-5a、图 5-5b 和图 5-5c 所示连接电路;用直流数字毫安表(实验箱自带毫安表)测量电流 I_1、I_2 和 I_3;用万用表的直流电压挡测量 U_B;正确读取数据,并填写表 5-1。

注意：测量电流时一定要将直流数字毫安表串联到电路中，电流从毫安表的"＋"流入，从"-"流出。

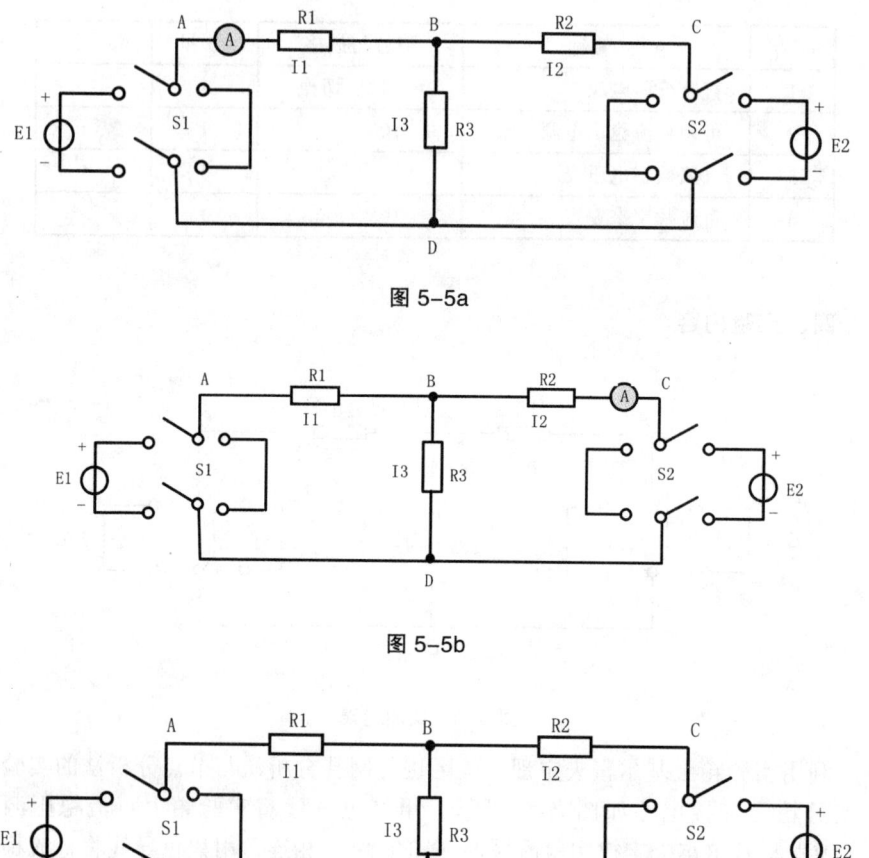

图 5-5a

图 5-5b

图 5-5c

2．令 E_2 电源单独作用时（将开关 S_1 投向短路侧，开关 S_2 投向 E_2 侧），用直流数字毫安表（实验箱自带毫安表）测量电流 I_1、I_2 和 I_3；用万用表的直流电压挡测量电压 U_B；正确读取数据，并填写表 5-1。

3．令 E_1 和 E_2 共同作用时（开关 S_1 和 S_2 分别投向 E_1 和 E_2 侧），用直流数字毫安表（实验箱自带毫安表）测量电流 I_1、I_2 和 I_3；用万用表的直流电压挡

测量 U_B；正确读取数据，并填写表 5-1。

注意：测量电流时一定要将直流数字毫安表串联到电路中，电流从毫安表的"＋"流入，从"-"流出。

表 5-1

测量项目 实验内容	E_1 (v)	E_2 (v)	I_1 (mA)	I_2 (mA)	I_3 (mA)	U_B (v)
E_1 单独作用						
E_2 单独作用						
E_1、E_2 共同作用						

4．理论计算：求 E_1、E_2 共同作时 I_1、I_2、I_3 及 U_B 的数值，分别用网孔分析法和节点分析法列写方程计算，并与实验方法测量的数据进行对比验证。计算过程写于实验报告中。

5．将 E_1 保持+12V 不变，E_2 变为+6V，选择实验箱右下角 510 欧姆的电阻与 R_2 并联，按表 5-2 中的要求进行测量。

表 5-2

测量项目 实验内容	E_1 (v)	E_2 (v)	I_1 (mA)	I_2 (mA)	I_3 (mA)	U_B (v)
E_1 单独作用						
E_2 单独作用						
E_1、E_2 共同作用						

理论计算：分别用网孔法、节点法计算 E_1、E_2 共同作时 I_1、I_2、I_3、U_B 的数值，并通过测量进行验证。计算过程写于实验报告中。

6．将 E_1 保持+12V 不变，E_2 变为+6V，将实验箱右下方可调电阻调至 1k，并将其与 R_3 并联，并按表 5-3 中的要求进行测量。

表 5-3

测量项目 实验内容	E_1 (v)	E_2 (v)	I_1 (mA)	I_2 (mA)	I_3 (mA)	U_B （v）
E_1 单独作用						
E_2 单独作用						
E_1、E_2 共同作用						

理论计算：分别用网孔法、节点法计算 E_1、E_2 共同作时 I_1、I_2、I_3、U_B 的数值，并通过测量进行验证。计算过程写于实验报告中。

五、实验注意事项

1．实验箱及电源通电前，认真检查电路，无误后再通电。

2．测量各支路电流时，应注意仪表的极性及数据表格中"＋、－"号的记录。

3．注意仪表量程的及时更换。

4．在测量电流前一定要规定参考方向。

六、思考题

网孔分析法与节点分析法有什么不同？

七、实验报告

认真填写实验报告，根据上述实验数据，进行计算并作结论。

实验六 叠加原理的验证

一、实验目的

验证线性电路叠加原理的正确性,从而加深对线性电路的叠加性和齐次性(比例性)的认识和理解。

二、实验原理

叠加原理指出:在有几个独立源共同作用下的线性电路中,通过每一个元件的电流或其两端的电压,可以看成是由每一个独立源单独作用时在该元件上所产生的电流或电压的代数和。

当某一独立源单独作用时,其他独立源应为零值:独立电压源在电路中用短路代替;独立电流源在电路中用开路代替。

"叠加原理"举例分析:利用叠加原理求解图 6-1(a)所示电路中电压 U_0 的数值。

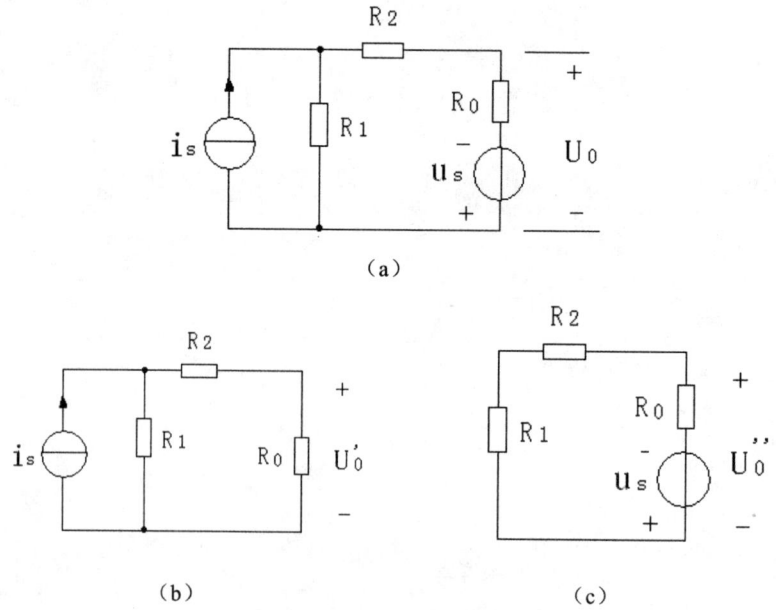

图 6-1 用叠加原理求解电路

首先绘出每一独立源单独作用时的电路如图 6-1（b）、（c）所示。

由图（b）运用分流公式求出流经 R_0 的电流 I_L 为

$$I_L = \left(\frac{R_1}{R_1 + R_2 + R_0} \right) i_s \qquad (6\text{-}1)$$

进一步可求得

$$U'_0 = i_s \left(\frac{R_1}{R_1 + R_2 + R_0} \right) R_0 \qquad (6\text{-}2)$$

由图（c）运用分压公式可得

$$U''_0 = -u_s \left(\frac{R_1 + R_2}{R_1 + R_2 + R_0} \right) \qquad (6\text{-}3)$$

或

$$U''_0 = u_s \left(\frac{R_1 + R_2}{R_1 + R_2 + R_0} \right) - u_s \qquad (6\text{-}4)$$

由叠加原理，可得

$$U_0 = U'_0 + U''_0 \qquad (6\text{-}5)$$

将式（6-2）、（6-3）带入式（6-5）整理可得

$$U_0 = \frac{i_s R_1 R_0 - u_s (R_1 + R_2)}{R_1 + R_2 + R_0} \qquad (6\text{-}7)$$

线性电路的齐次性（比例性）是指当激励信号（某独立源的值）增加或减小 K 倍时，电路的响应（即在电路其他各电阻元件上所建立的电流和电压值）也将增加或减小 K 倍。

三、实验设备和材料

序号	名　　称	型号与规格	数量	备注
1	直流稳压电源	+6，12V 切换	1	
2	可调直流稳压电源	0～10V	1	
3	直流数字电压表		1	
4	直流数字毫安表		1	

四、实验内容

在实验箱上叠加原理实验区域，连接电路如图 6-2 所示。用红色导线将实验箱上直流稳压源中"+12V"与叠加原理实验区域内 E_1 的"+"相连，用黑色导线将直流稳压源中"地"与叠加原理实验区域内 E_1 的"-"相连。将实验箱上直流稳压源中"输出粗调"旋钮旋调至"0-10V"挡，万用表调至直流电压挡，测量"0-30V"输出端的电压，同时旋动"输出细调"旋钮，使万用表显示电压为"+6V"。用红色导线将直流稳压源中"0-30V"的"+"与叠加原理实验区域内 E_2 的"+"相连，用黑色导线将直流稳压源中"0-30V"的"-"与叠加原理实验区域内 E_2 的"-"相连。

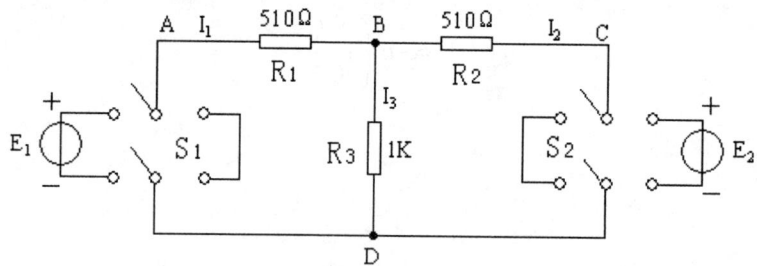

图 6-2 实验电路

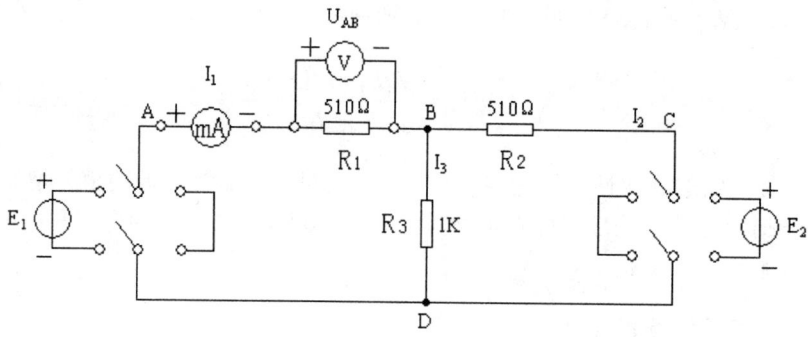

图 6-3a

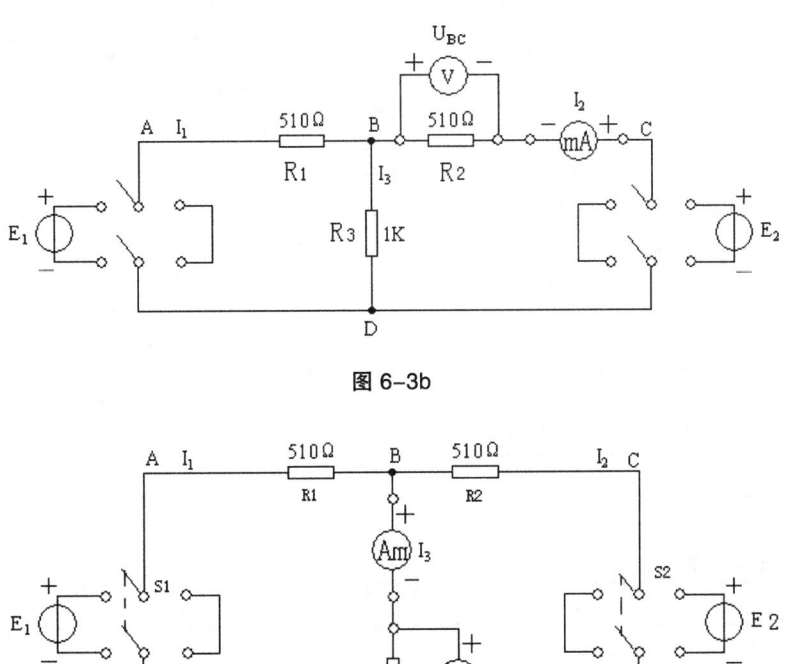

图 6-3b

图 6-3c

1. 令 E_1 电源单独作用（将开关 S_1 投向 E_1 侧，开关 S_2 投向短路侧），分别按图 6-3a、图 6-3b 和图 6-3c 所示连接电路；用直流数字毫安表（实验箱自带毫安表）测量电流 I_1、I_2 和 I_3；用万用表的直流电压挡测量电阻两端电压 U_{AB}、U_{BC} 和 U_{BD}；正确读取数据，并填写表 6-1。

注意：测量电流时一定要将毫安表串联到电路中，测量电压时一定要将电压表并联在电路中。

2. 令 E_2 电源单独作用时（将开关 S_1 投向短路侧，开关 S_2 投向 E_2 侧），用直流数字毫安表（实验箱自带毫安表）测量电流 I_1、I_2 和 I_3；用万用表的直流电压挡测量电阻两端电压 U_{AB}、U_{BC} 和 U_{BD}；正确读取数据，并填写表 6-1。

3. 令 E_1 和 E_2 共同作用时（开关 S_1 和 S_2 分别投向 E_1 和 E_2 侧），用直流数字毫安表（实验箱自带毫安表）测量电流 I_1、I_2 和 I_3；用万用表的直流电压挡测量电阻两端电压 U_{AB}、U_{BC} 和 U_{BD}；正确读取数据，并填写表 6-1。

4. 将 E_2 调整为 $2E_2$ 即+12V，使 E_2 单独作用（将开关 S_1 投向短路侧，开关 S_2 投向 E_2 侧），用直流数字毫安表（实验箱自带毫安表）测量电流 I_1、I_2 和 I_3；用万用表的直流电压挡测量电阻两端电压 U_{AB}、U_{BC} 和 U_{BD}；正确读取数据，并填写表 6-1。

5. 令 E_1 保持不变，将 E_2 调整为 $3/2E_2$ 即+9V，使 E_1 和 E_2 共同作用（开关 S_1 和 S_2 分别投向 E_1 和 E_2 侧），用直流数字毫安表（实验箱自带毫安表）测量电流 I_1、I_2 和 I_3；用万用表的直流电压挡测量电阻两端电压 U_{AB}、U_{BC} 和 U_{BD}；正确读取数据，并填写表 6-1。

表 6-1

内容＼项目	E_1 (v)	E_2 (v)	I_1 (mA)	I_2 (mA)	I_3 (mA)	U_{AB} (v)	U_{BC} (v)	U_{BD} (v)
E_1 单独作用								
E_2 单独作用								
E_1 和 E_2 共同作用								
$2E_2$ 单独作用								
E_1 与 $3/2E_2$ 共同作用								

理论计算：利用叠加原理分析 E_1 与 $3/2E_2$ 共同作用时的电路，列写方程计算求出电流 I_1、I_2、I_3 和电压 U_{AB}、U_{BC}、U_{BD}。

6. E_1 保持+12V 不变，将 E_2 更换为电流源，从电流源输出 10mA 的电流，实验电路如图 6-4 所示，分别令 E_1 单独作用、Is 单独作用和 E_1、Is 共同作用时用直流数字毫安表（实验箱自带毫安表）测量电流 I_1、I_2 和 I_3；用万用表的直流电压挡测量电压 U_{AB}、U_{BC} 和 U_{BD}；正确读取数据，并填写表 6-2。

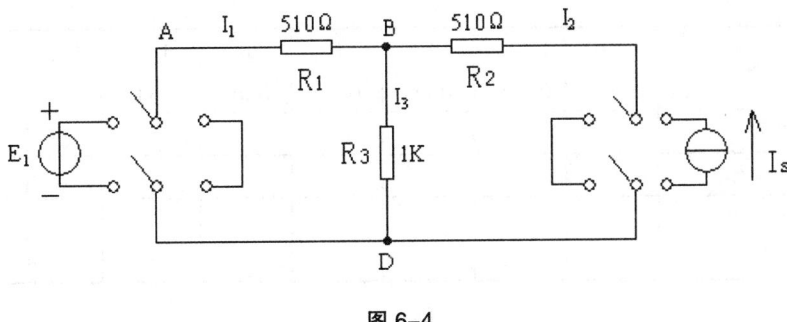

图 6-4

表 6-2

内容＼项目	E_1 (v)	Is (mA)	I_1 (mA)	I_2 (mA)	I_3 (mA)	U_{AB} (v)	U_{BC} (v)	U_{BD} (v)
E_1 单独作用								
Is 单独作用								
E_1、Is 共同作用								

理论计算：利用叠加原理分析 E_1 和 Is 共同作用时的电路，列写方程计算求出电流 I_1、I_2、I_3 和电压 U_{AB}、U_{BC}、U_{BD}。

7. 按图 6-4 所示连接电路，E1 调整为 1/2 E1 即+6V，Is 调整为 1/2Is 即 5mA，分别令 1/2E_1 单独作用、1/2Is 单独作用和 1/2E_1、1/2Is 共同作用时用直流数字毫安表（实验箱自带毫安表）测量电流 I_1、I_2 和 I_3；用万用表的直流电压挡测量电压 U_{AB}、U_{BC} 和 U_{BD}；正确读取数据，并填写表 6-3。

表 6-3

内容＼项目	1/2E_1 (v)	1/2Is (mA)	I_1 (mA)	I_2 (mA)	I_3 (mA)	U_{AB} (v)	U_{BC} (v)	U_{BD} (v)
1/2E_1 单独作用								
1/2Is 单独作用								
1/2E_1 与 1/2Is 共同作用								

理论计算：利用叠加原理分析 1/2E_1 与 1/2Is 共同作用时的电路，列写方程计算求出电流 I_1、I_2、I_3 和电压 U_{AB}、U_{BC}、U_{BD}。

五、实验注意事项

1. 实验箱及电源通电前，认真检查电路，无误后再通电。

2. 测量各支路电流时，应注意仪表的极性，及数据表格中"＋、－"号的记录。

3. 注意仪表量程的及时更换。

六、思考题

1. 叠加原理中 E_1、E_2 分别单独作用，在实验中应如何操作？可否直接将不作用的电源（E_1 或 E_2）置零（短接）？

2. 各电阻器所消耗的功率能否用叠加原理计算得出？

七、实验报告

1. 根据实验数据认真填写实验报告，验证叠加原理的正确性。

2. 心得体会及其他。

实验七 戴维南定理和有源二端网络等效参数的测定

一、实验目的

1. 验证戴维南定理的正确性。
2. 掌握测量有源二端网络等效参数的一般方法。

二、实验原理

1. **戴维南定理**：含电源和线性电阻、受控源的单口网络，不论其结构如何复杂，就其端口来说，可等效为一个电压源串联电阻支路（图 7-1a）。电压源的电压等于该网络 N 的开路电压 U_{OC}（图 7-1b）；串联电阻 R_0 等于该网络中所有独立源为零值时所得网络 N_0 的等效电阻 R_{ab}(图 7-1c)。这就是说：若含源线性单口网络的端口电压 u 和电流 i 为非关联参考方向，则其 VCR 可表为：

$$u = u_{oc} - R_0 i$$

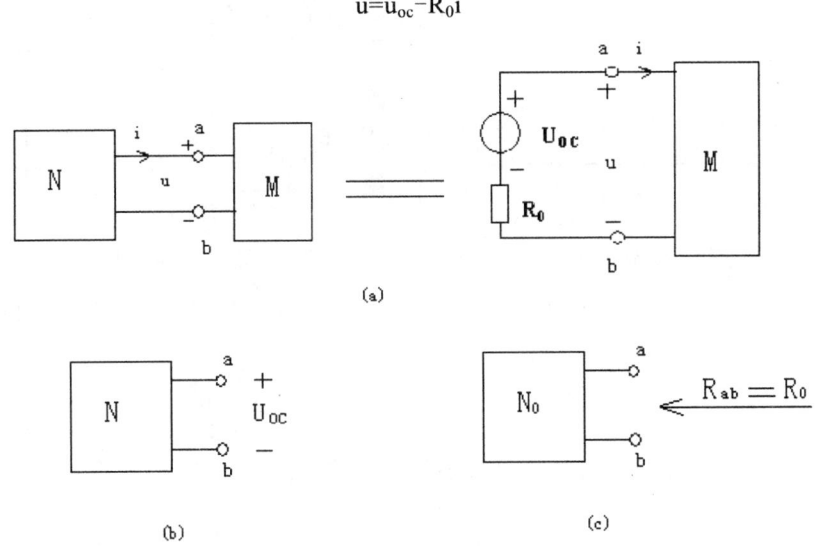

图 7-1 戴维南定理

N————含源线性单口网络；
N_0————N 中所有独立源为零值时所得的网络；
M ————任意的外电路。

这一电压源串联电阻支路称为戴维南等效电路，其中串联电阻称为戴维南等效电阻，在电子电路中有时也称为"输出电阻"记为 R_0。

2. 有源二端网络等效参数的测量方法

（1）开路电压、短路电流法

在有源二端网络输出端开路时，用电压表直接测其输出端的开路电压 U_{OC}，然后再将其输出端短路，用电流表测其短路电流 I_{SC}，则内阻为

$$R_O = \frac{U_{OC}}{I_{SC}}$$

（2）伏安法

用电压表、电流表测出有源二端网络的外特性如图 7-2 所示。根据外特性曲线求出斜率 $\tan\phi$，则内阻

$$R_O = \tan\phi = \frac{\Delta U}{\Delta I} = \frac{U_{OC}}{I_{SC}}$$

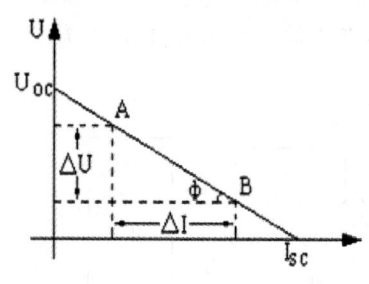

图 7-2 伏安法

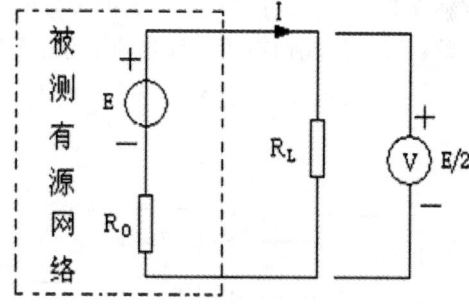

图 7-3 半电压法

用伏安法，主要是测量开路电压及电流为额定值 I_N 时的输出端电压值 U_N，则内阻为

$$R_O = \frac{U_{OC} - U_N}{I_N} \tag{7-1}$$

若二端网络的内阻值很低时，则不宜测其短路电流。

（3）半电压法

如图 7-3 所示，当负载电压为被测网络开路电压一半时，负载电阻(由电阻箱的读数确定)即为被测有源二端网络的等效内阻值。

（4）零示法

在测量具有高内阻有源二端网络的开路电压时，用电压表进行直接测量会造成较大的误差，为了消除电压表内阻的影响，往往采用零示测量法，如图 7-4

所示。

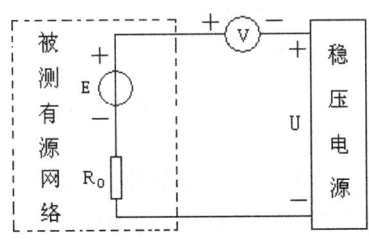

图 7-4 零示法

零示法测量原理是用一低内阻的稳压电源与被测有源二端网络进行比较，当稳压电源的输出电压与有源二端网络的开路电压相等时，电压表的读数将为"0"，然后将电路断开，测量此时稳压电源的输出电压，即为被测有源二端网络的开路电压。**注意：两个电源不能共地。**

三、实验设备和材料

序号	名　　称	型号与规格	数量	备注
1	可调直流稳压电源	0～10V	1	
2	直流数字电压表		1	
3	直流数字毫安表		1	

四、实验内容

在实验箱上戴维南等效电路实验区域完成以下内容，实验电路如图 7-5 所示。

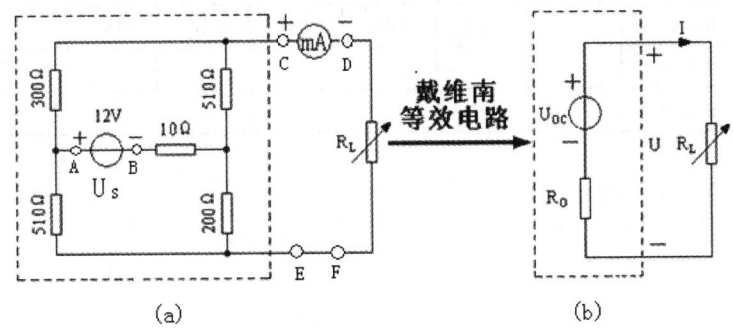

图 7-5 被测有源二端网络

1．用开路电压、短路电流法测定戴维南等效电路的 U_{OC} 和 R_0

（1）图 7-5（a）中电源 U_s 的"+"和"-"分别与实验箱上直流稳压源"+12V"和"地"相连，打开实验箱各相关电源开关，用万用表直流电压挡测量 C、E 两点间的电压 U_{CE}，此时 U_{CE} 就是图 7-5（a）所示有源二端网络开路电压 U_{OC}，正确读出万用表电压数据，填写表 7-1。

（2）关闭实验箱上所有电源，将实验箱上直流数字毫安表接入电路，直流数字毫安表的"+"接图 7-5（a）中 C 点，直流数字毫安表的"-"接图 7-5（a）中 D 点，并将 D 点与 E 点用导线连接。打开实验箱上各相关电源的开关，选择直流数字毫安表 20mA 挡，此时测量的电流就是图 7-5（a）所示有源二端网络的短路电流 I_{SC}，正确读出直流数字毫安表的数据，填写表 7-1。

（3）根据表 7-1 中的数据计算图 7-5（a）所示有源二端网络的内阻 R_0 并将数据填入表中。

表 7-1

U_{OC}(v)	I_{SC}(mA)	$R_0=U_{OC}/I_{SC}(\Omega)$

2．有源二端网络负载外特性的测试实验

按图 7-5(a)连接电路：将+12V 直流稳压源接入 U_S，即 A、B 两点之间，将可调电阻 R_L 接入电路 D、F 之间，将实验箱上直流数字毫安表串联接入电路中，即 C、D 两点之间。根据表 7-2 中的数值调整 R_L，测量有源二端网络的外特性（即测量可调电阻 R_L 两端 D、F 间的电压 U 和通过可调电阻 R_L 的电流 I），并将测量数据填入表 7-2。

表 7-2

$R_L(\Omega)$	0	0.2K	0.4K	0.6K	0.8K	1K	∞
U(v)							
I(mA)							

3．验证戴维南定理

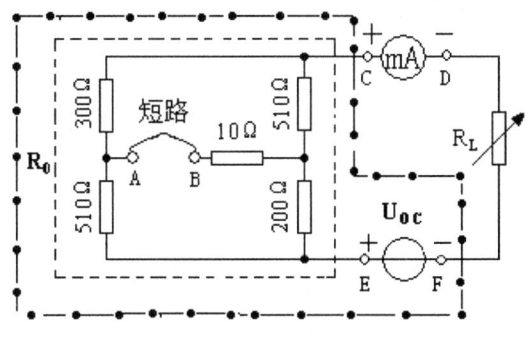

图 7-6 实验电路

在实验箱戴维南定理实验区域连接电路，如图 7-6 所示。

用导线将 A、B 两点连接，U_S 处于短路状态。调整实验箱上直流稳压源，使输出的电压数值为表 7-1 中 U_{OC} 的电压值，并将该电压源接入 E、F 两点间，如图 7-7 所示。此时虚线框内的电阻网络可等效为 R_O。

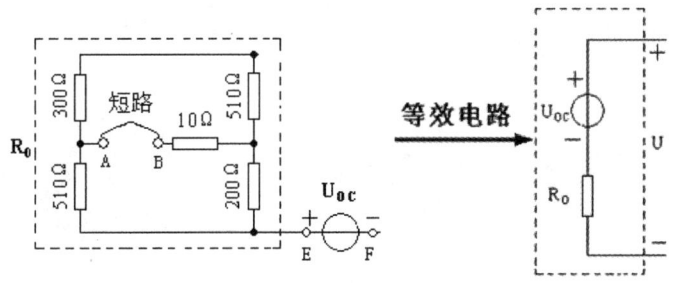

图 7-7 戴维南等效电路

将直流数字毫安表按图 7-6 所示接入 C、D 两点间，并将可调电阻 R_L 接入电路 D、F 两点间，按表 7-3 中 R_L 的数值调整电阻。用万用表直流电压挡测量电阻 R_L 两端 D、F 间的电压 U；在直流数字毫安表上读出通过电阻 R_L 的电流 I，填写表 7-3，并与表 7-2 中的数据进行比较。

表 7-3

$R_L(\Omega)$	0	0.2K	0.4K	0.6K	0.8K	1K	∞
U(v)							
I(mA)							

比较表 7-3 与表 7-2 中的数据得出结论：

4、电路如图 7-5 中（a）所示，用戴维南定理计算 U_{OC} 和 R_0 的数值，写出计算过程。并与表 7-1 中的数据进行比较。

求 U_{OC}：

求 R_0：

五、实验注意事项

1. 实验箱及电源通电前，认真检查电路，无误后再通电。
2. 注意测量时，毫安表量程的更换。
3. 改接线路时，要关掉电源。

六、思考题

1. 在求戴维南等效电路时，作短路实验，测 I_{SC} 的条件是什么？
2. 简述一下测有源二端网络开路电压及等效内阻可以有几种方法，并比较其优缺点。

七、实验报告

1. 认真填写实验报告。
2. 归纳、总结实验结果。
3. 心得体会及其他。

实验八 双口网络测试

一、实验目的

1．加深理解双口网络的基本理论。
2．掌握直流双口网络传输参数的测量技术。
3．了解双口网络级联后的等效双口网络传输参数与原双口网络传输参数的关系。

二、实验原理

对于任何一个线性网络，我们所关心的往往只是输入端口、输出端口电压和电流间的相互关系，通过实验测定方法求取一个极其简单的等值双口电路来替代原网络，此即为"黑盒理论"的基本内容。

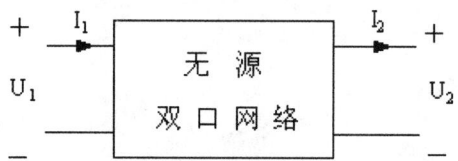

图 8-1 无源线性双口网络

1．一个双口网络两端口的电压和电流四个变量之间的关系，可以用多种形式的参数方程来表示。本实验采用输出端口的电压 U_2 和电流 I_2 作为自变量，以输入端口的电压 U_1 和电流 I_1 作为应变量，所得的方程称为双口网络的传输方程，如图 8-1 所示的无源线性双口网络（又称为四端网络）的传输方程为：

$$U_1 = AU_2 + BI_2 \quad (8\text{-}1)$$
$$I_1 = CU_2 + DI_2 \quad (8\text{-}2)$$

式（8-1）（8-2）中的 A、B、C、D 为双口网络的传输参数，其值完全决定于网络的拓扑结构及各支路元件的参数值，这四个参数表征了该双口网络的基本特性，它们的含义是：

（注：下标"o"表示开路，下标"s"表示短路。）

$A = \dfrac{U_{10}}{U_{20}}$ （令 $I_2 = 0$，即输出口开路时）

$$B = \frac{U_{1S}}{I_{2S}} \quad (令 U_2=0，即输出口短路时)$$

$$C = \frac{I_{10}}{U_{20}} \quad (令 I_2=0，即输出口开路时)$$

$$D = \frac{I_{1S}}{I_{2S}} \quad (令 U_2=0，即输出口短路时)$$

由上可知，只要在网络的输入口加上电压，在两个端口同时测量其电压和电流，即可求出 A、B、C、D 四个参数，此方法称为双端口同时测量法。

2. 若要测量一条远距离输电线构成的双口网络，采用同时测量法就很不方便，这时可采用分别测量法，即先在输入口加电压，而将输出口开路和短路，在输入口测量电压和电流，由传输方程 $U_1 = AU_2 + BI_2$，$I_1 = CU_2 + DI_2$ 可得：

$$R_{10} = \frac{U_{10}}{I_{10}} = \frac{A}{C} \quad (令 I_2=0，即输出口开路时)$$

$$R_{1S} = \frac{U_{1S}}{I_{1S}} = \frac{B}{D} \quad (令 U_2=0，即输出口短路时)$$

然后在输出口加电压测量，而将输入口开路和短路，此时可得

$$R_{20} = \frac{U_{20}}{I_{20}} = \frac{D}{C} \quad (令 I_1=0，即输入口开路时)$$

$$R_{2S} = \frac{U_{2S}}{I_{2S}} = \frac{B}{A} \quad (令 U_1=0，即输入口短路时)$$

R_{10}、R_{1S}、R_{20}、R_{2S} 分别表示一个端口开路和短路时另一端口的等效输入电阻，由（8-2）可得

$$CU_2 = I_1 - DI_2$$

$$U_2 = \frac{1}{C}I_1 - \frac{D}{C}I_2 \quad （8-3）$$

将（8-3）代入（8-1）得

$$U_1 = A\left(\frac{1}{C}I_1 - \frac{D}{C}I_2\right) + BI_2$$

$$= \frac{A}{C}I_1 - \frac{AD}{C}I_2 + BI_2$$

$$= \frac{A}{C}I_1 - \left(\frac{AD}{C} - B\right)I_2 \quad （8-4）$$

由式（8-3）、(8-4) 进一步整理得：

$$U_1 = \frac{A}{C}I_1 + \frac{AD-BC}{C}(-I_2) \tag{8-5}$$

$$U_2 = \frac{1}{C}I_1 + \frac{D}{C}(-I_2) \tag{8-6}$$

将式（8-5）、(8-6)与 Z 参数方程（8-7）、(8-8) 相比

$$U_1 = Z_{11}I_1 + Z_{12}(-I_2) \tag{8-7}$$

$$U_2 = Z_{21}I_1 + Z_{22}(-I_2) \tag{8-8}$$

得

$$Z_{11} = \frac{A}{C}; \quad Z_{12} = \frac{AD-BC}{C}; \quad Z_{21} = \frac{1}{C}; \quad Z_{22} = \frac{D}{C}$$

因双向网络有 $Z_{12} = Z_{21}$，所以

$$\frac{AD-BC}{C} = \frac{1}{C} \tag{8-9}$$

进一步可得：

$$AD - BC = 1 \tag{8-10}$$

又因为：

$$A^2 = \frac{\frac{A}{C} \times AC}{AD - BC}$$

$$= \frac{\frac{A}{C}}{\frac{AD-BC}{AC}}$$

$$= \frac{AC}{\frac{D}{C} - \frac{B}{A}} \tag{8-11}$$

因为 $R_{10} = \frac{A}{C}$；$R_{20} = \frac{D}{C}$；$R_{2S} = \frac{B}{A}$，所以

$$A^2 = \frac{R_{10}}{R_{20} - R_{2S}} \tag{8-12}$$

至此，可求出四个传输参数

$$A = \sqrt{\frac{R_{10}}{R_{20} - R_{2S}}}; \quad B = R_{2S}A; \quad C = \frac{A}{R_{10}}; \quad D = R_{20}C$$

3.双口网络级联后的等效双口网络的传输参数亦可采用前面讲述的方法之一求得，从理论推得两双口网络级联后的传输参数与每一个参加级联的双口网络的传输参数之间有如下的关系：

$$\left.\begin{aligned} A &= A_1 A_2 + B_1 C_2 \\ B &= A_1 B_2 + B_1 D_2 \\ C &= C_1 A_2 + D_1 C_2 \\ D &= C_1 B_2 + D_1 D_2 \end{aligned}\right\} \quad （8\text{-}13）$$

三、实验设备和材料

序 号	名　　称	型号与规格	数 量	备 注
1	可调直流稳压电源	0～10V	1	
2	直流数字电压表		1	
3	直流数字毫安表		1	

四、实验内容

1．测量"双口网络 I"的传输参数

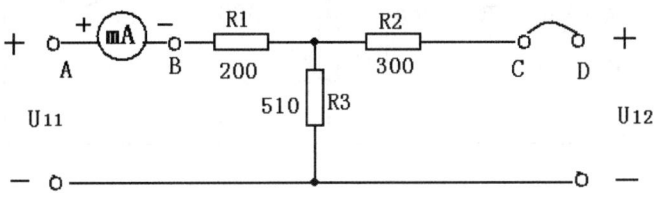

图 8-2　双口网络实验线路

在实验箱上双口网络实验区域连接实验线路，如图 8-2 所示。

调整实验箱上直流稳压源，将"输出粗调"旋钮旋至"0-10V"挡，万用表调至直流电压挡,测量"0-30V"输出端的电压，同时旋动"输出细调"旋钮，使万用表显示电压为"+10V"。用红色导线将直流稳压源中"0-30V"输出端的"+"与"双口网络 I"输入端 U_{11} 的"+"相连，用黑色导线将直流稳压源中"0-30V"输出端的"-"与"双口网络 I"输入端 U_{11} 的"-"相连。

将实验箱上直流数字毫安表串联接入输入端电路中，如图 8-2 所示。输出端 U_{12} 处于开路。

（1）打开实验箱上各相关电源的开关，用万用表测量当输出端 U_{12} 处于开路时电压 U_{11o} 和 U_{12o} 的数值；读出直流数字毫安表上电流 I_{11o} 的数值，填写表8-1。

（2）关闭实验箱电源，连接实验电路如图 8-3 所示，将实验箱上直流数字毫安表串联接入输入端电路中，输出端短路。打开实验箱上各相关电源的开关，分别测量当输出端短路时，输入端电压 U_{11S} 和输入端电流 I_{11S} 的数值，填写表8-1。

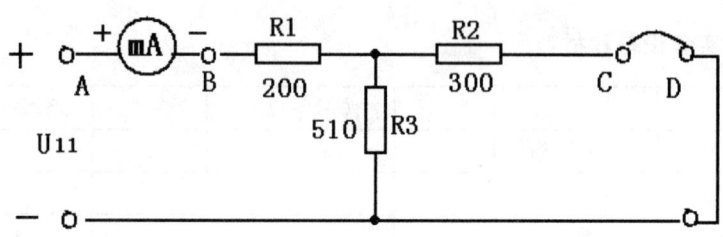

图 8-3　实验电路

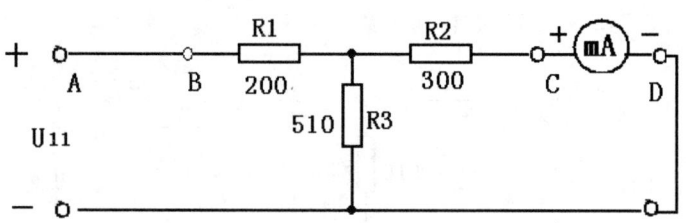

图 8-4　实验电路

（3）关闭实验箱电源，连接实验电路如图 8-4 所示，将 A、B 两点用导线短路，把实验箱上直流数字毫安表串联接入输出端电路中，用导线将输出端短路。打开实验箱上各相关电源的开关，测量当输出端短路时，输出端电流 I_{12S} 的数值，填写表 8-1。

（4）根据表 8-1 中的数据计算"双口网络 I"的传输参数 A_1、B_1、C_1 及 D_1 的数值填入表中。

表 8-1

双口网络 I	输出端开路 $I_{12}=0$	测量值			实验数据计算值	
		$U_{11o}(V)$	$U_{12o}(V)$	$I_{11o}(mA)$	A_1	B_1
	输出端短路 $U_{12}=0$	$U_{11s}(V)$	$I_{11s}(mA)$	$I_{12s}(mA)$	C_1	D_1

2．测量"双口网络 II"的传输参数

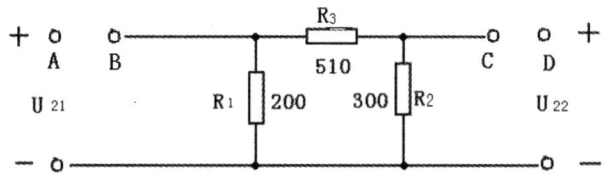

图 8-5 实验电路

在实验箱上双口网络实验区域连接实验线路，如图 8-5 所示。

调整实验箱上直流稳压源，将"输出粗调"旋钮旋至"0-10V"挡，万用表调至直流电压挡,测量"0-30V"输出端的电压，同时旋动"输出细调"旋钮，使万用表显示电压为"+10V"。用红色导线将直流稳压源中"0-30V"输出端的"+"与"双口网络 II"输入端 U_{21} 的"+"相连,用黑色导线将直流稳压源中"0-30V"输出端的"-"与"双口网络 II"输入端 U_{21} 的"-"相连。将实验箱上直流数字毫安表串联接入输入端电路中，如图 8-6 所示。输出端 U_{22} 处于开路。

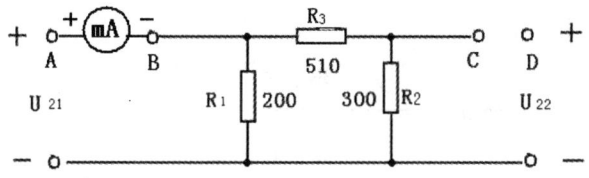

图 8-6 实验电路

（1）打开实验箱上各相关电源的开关，用万用表测量当输出端 U_{22} 处于开路时电压 U_{21o} 和 U_{22o} 的数值；读出直流数字毫安表上电流 I_{21o} 的数值,填写表 8-2。

（2）关闭实验箱电源，连接实验电路如图 8-7 所示，将实验箱上直流数字毫安表串联接入输入端电路中，输出端短路。打开实验箱上各相关电源的开关，分别测量当输出端短路时，输入端电压 U_{21S} 和输入端电流 I_{21S} 的数值，填写表 8-2。

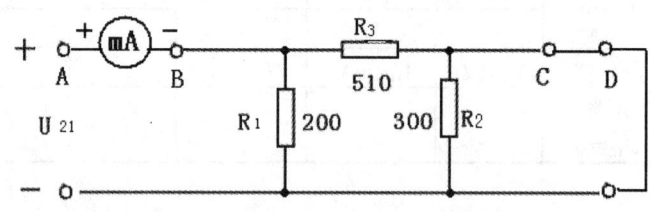

图 8-7 实验电路

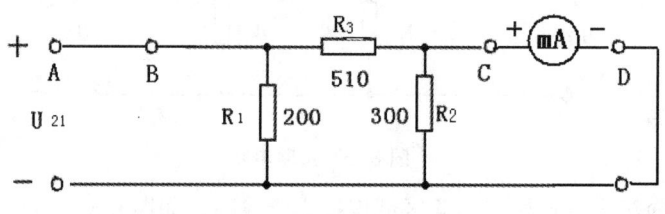

图 8-8 实验电路

（3）关闭实验箱电源，连接实验电路如图 2.8.8 所示，将 A、B 两点用导线短路，把实验箱上直流数字毫安表串联接入输出端电路中，用导线将输出端短路。打开实验箱上各相关电源的开关，测量当输出端短路时，输出端电流 I_{22S} 的数值，填写表 8-2。

（4）根据表 8-2 中的数据计算"双口网络 II"的传输参数 A_2、B_2、C_2 及 D_2 的数值填入表中。

表 8-2

双口网络 II	输出端	测量值			实验数据计算值	
	开路 $I_{22}=0$	$U_{21o}(V)$	$U_{22o}(V)$	$I_{21o}(mA)$	A_2	B_2
	短路 $U_{22}=0$	$U_{21S}(V)$	$I_{21S}(mA)$	$I_{22S}(mA)$	C_2	D_2

3. 将"双口网络 I"和"双口网络 II"进行级联,可以组成一个新"双口网络",实验电路如图 8-9 所示。

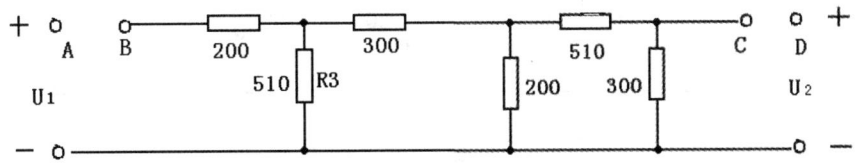

图 8-9 双口网络

用导线将"双口网络 I"输出端 U_{12} 的两个接线端分别与"双口网络 II"输入端的两个接线端相连接。将"双口网络 I"的输入端作为新"双口网络"的输入端,将"双口网络 II"的输出端作为新"双口网络"的输出端。

调整实验箱上直流稳压源,将"输出粗调"旋钮旋至"0-10V"挡,万用表调至直流电压挡,测量"0-30V"输出端的电压,同时旋动"输出细调"旋钮,使万用表显示电压为"+10V"。 用红色导线将直流稳压源中"0-30V"输出端的"+"与"双口网络"输入端 U_1 的"+"相连,用黑色导线将直流稳压源中"0-30V"输出端的"−"与"双口网络"输入端 U_1 的"−"相连。将实验箱上直流数字毫安表串联接入输入端电路中,如图 8-10 所示。输出端 U_2 处于开路。

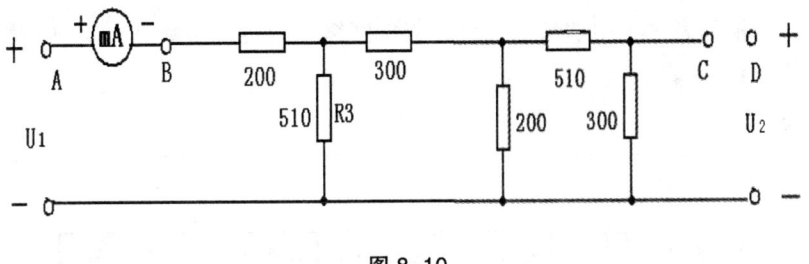

图 8-10

(1)打开实验箱上各相关电源的开关,用万用表测量当输出端 U_2 处于开路时电压 U_{1o} 和 U_{2o} 的数值;读出直流数字毫安表上电流 I_{1o} 的数值,填写表 8-3。

(2)关闭实验箱电源,连接实验电路如图 8-11 所示,将实验箱上直流数字毫安表串联接入输入端电路中,输出端短路。打开实验箱上各相关电源的开关,分别测量当输出端短路时,输入端电压 U_{1S} 和输入端电流 I_{1S} 的数值,填写表 8-3。

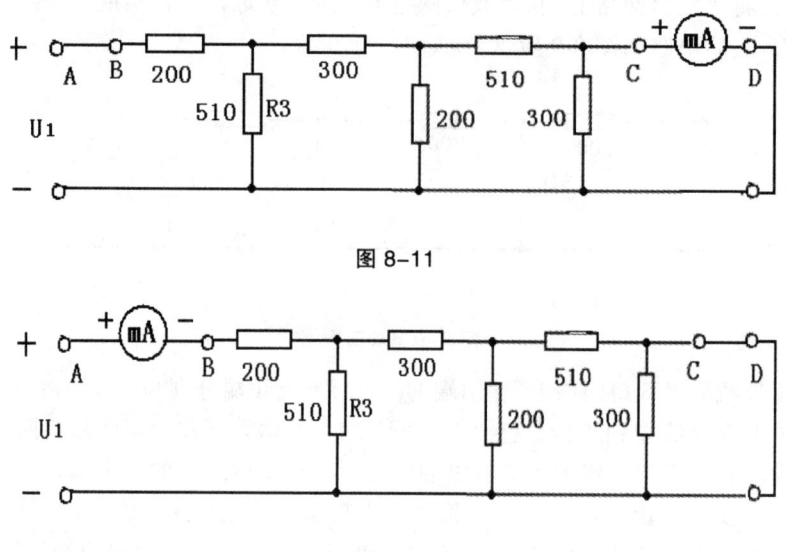

图 8-11

图 8-12

（3）关闭实验箱电源，连接实验电路如图 8-12 所示，将 A、B 两点用导线短路，把实验箱上直流数字毫安表串联接入输出端电路中，用导线将输出端短路。打开实验箱上各相关电源的开关，测量当输出端短路时，输出端电流 I_{2S} 的数值，填写表 8-3。

（4）根据表 8-3 中的数据计算"双口网络"的传输参数 A、B、C 及 D 的数值填入表中。

表 8-3

双口网络		测 量 值			实验数据计算值	
	输出端开路 $I_2=0$	$U_{1o}(V)$	$U_{2o}(V)$	$I_{1o}(mA)$	A	B
	输出端短路 $U_2=0$	$U_{1S}(V)$	$I_{1S}(mA)$	$I_{2S}(mA)$	C	D

4．理论计算验证

验证双口网络级联后，新"双口网络"的 A、B、C、D 四个传输参数与"双口网络 I"和"双口网络 II"的传输参数之间是否存有如下的关系：

$A = A_1 A_2 + B_1 C_2$ $B = A_1 B_2 + B_1 D_2$
$C = C_1 A_2 + D_1 C_2$ $D = C_1 B_2 + D_1 D_2$

将"双口网络 I"的传输参数 A_1、B_1、C_1、D_1 数据和"双口网络 II"的传输参数 A_2、B_2、C_2、D_2 的数据代入计算。

五、实验注意事项

用电流插头、插座测量电流时，要注意判别电流表的极性及选取适合的量程（根据所给的电路参数，估算电流表量程）。

六、思考题

1. 试述双口网络同时测量法与分别测量法的测量步骤，优缺点及其适用情况。
2. 本实验方法可否用于交流双口网络的测定？

七、实验报告

1. 完成对数据表格的测量和计算任务。
2. 列写参数方程。
3. 验证级联后等效双口网络的传输参数与级联的两个双口网络传输参数之间的关系。
4. 心得体会及其他。

实验九　RC 选频网络特性测试

一、实验目的

1. 熟悉文氏电桥电路和双 T 桥的结构特点及其应用。
2. 学会用交流毫伏表和示波器测定文氏电桥和双 T 桥电路的幅频特性和相频特性。

二、实验原理

由电阻电容等元件串并联构成的组合电路统称为 RC 电路。结构不同，特性大不一样，常用的电路以文氏桥和双 T 桥电路最多。

1．文氏桥电路

文氏电桥电路是一个 RC 串并联电路，如图 9-1 所示，该电路结构简单，被广泛用于低频振荡电路中作为选频环节，可以获得很高纯度的正弦波电压。

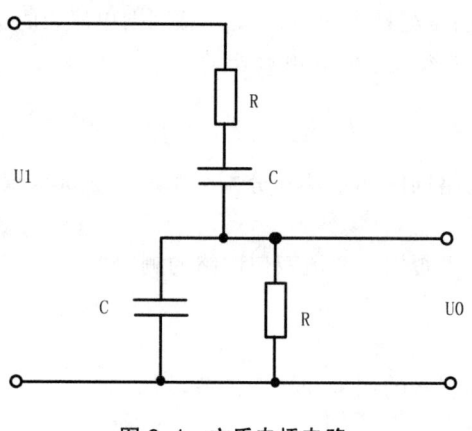

图 9-1　文氏电桥电路

（1）输出特性理论计算及结论

应用电路分析知识，我们可以计算出它的输出特性。

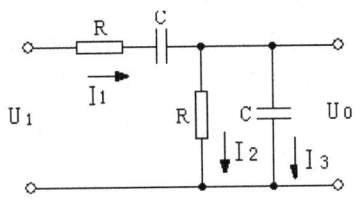

图 9-2 文氏电桥电路

根据图 9-2 所示电路,可列方程:

$$U_1 = I_1(R + \frac{1}{j\omega c}) + U_0 \tag{9-1}$$

$$I_2 R = I_3 \frac{1}{j\omega c} \tag{9-2}$$

$$I_1 = I_2 + I_3 \tag{9-3}$$

又因

$$U_0 = I_3 \frac{1}{j\omega c} \tag{9-4}$$

由式(2-9-1)至式(2-9-4),消去 I_1、I_2、I_3,可计算出该网络的传输函数为:

$$\frac{U_0}{U_1} = \frac{1}{3 + j(\omega RC - \frac{1}{\omega RC})} \tag{9-5}$$

当角频率 $\omega = \omega_0 = \frac{1}{RC}$ 即 $f = f_0 = \frac{1}{2\pi RC}$ 时

$|\beta| = \frac{U_0}{U_i} = \frac{1}{3}$,且此时 U_0 与 U_i 同相位。f_0 称电路固有频率。由图 9-3 可见 RC 串并联电路具有带通特性。

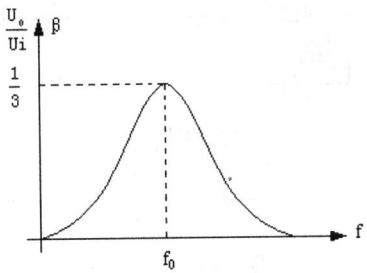

图 9-3 文氏桥幅频特性曲线

（2）文氏桥输出幅频特性的测量

用函数信号发生器输出正弦信号作为图 9-1 文氏电桥电路的激励信号 U_i 并保持 U_i 值不变的情况下，改变输入信号的频率 f，用交流毫伏表或示波器测出输出端相应于各个频率点下的输出电压值 U_O，将这些数据画在以频率 f 为横轴，U_O 为纵轴的坐标纸上，用一条光滑的曲线连接这些点，该曲线就是上述电路的幅频特性曲线。

文氏桥电路的一个特点是其输出电压幅度不仅会随输入信号的频率而变，而且还会出现一个与输入电压同相位的最大值，如图 9-3 所示。

（3）相频特性的测量

将双踪示波器的两个探头 Y_A 和 Y_B 分别接入文氏桥电路的输入输出端，改变输入正弦信号的频率，观测相应的输入和输出波形间的时延 τ 及信号的周期 T，则两波形间的相位差为

$$\phi = \frac{\tau}{T} \times 360° = \phi_0 - \phi_i \text{（输出相位与输入相位之差）}$$

将各个不同频率下的相位差 φ 测出，即可绘出被测电路的相频特性曲线，如图 9-4 所示。

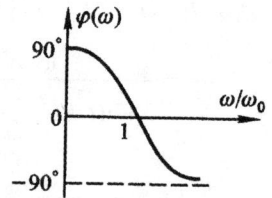

图 9-4 文氏桥相频特性曲线

2．关于双 T 网络输入输出特性的计算

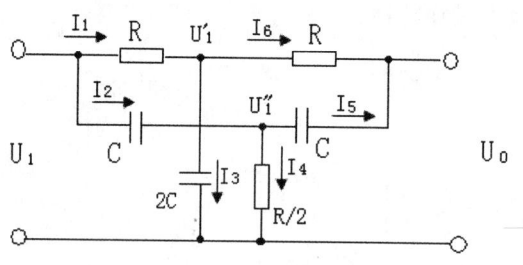

图 9-5 双 T 网络

根据图 9-5 列写方程：

$$U_1' = I_3 \frac{1}{j\omega 2C} \qquad (9\text{-}6)$$

$$U_1'' = I_4 \frac{R}{2} \qquad (9\text{-}7)$$

$$U_1' - I_6 R = U_0 \qquad (9\text{-}8)$$

$$U_1 - I_1 R = U_1' \qquad (9\text{-}9)$$

$$U_1'' - I_5 \frac{1}{j\omega C} = U_0 \qquad (9\text{-}10)$$

$$U_1 - I_2 \frac{1}{j\omega C} = U_1'' \qquad (9\text{-}11)$$

$$I_2 = I_4 + I_5 \qquad (9\text{-}12)$$

$$I_1 = I_3 + I_6 \qquad (9\text{-}13)$$

由以上 8 个方程可以消去 8 个未知数，即 I_1 至 I_6、U_1' 和 U_1''。可得到 U_0 与 U_1 的关系：

$$\frac{U_0}{U_1} = \frac{1}{1 + j\dfrac{4\omega RC}{1 - (\omega RC)^2}}$$

由表达式可以看出，在 $f_0 = \dfrac{1}{2\pi RC}$ 点输出有一个极小值，称为"陷波"。本电路常用于滤波器设计中，用来滤除某一杂波频率的干扰，而对其余频率成分传输又没有较大影响。其输出特性如图 9-6 所示。

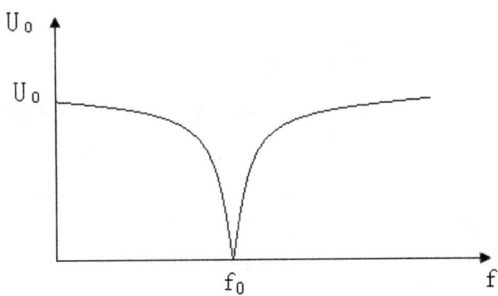

图 9-6 双 T 桥幅频特性曲线

双 T 网络相频特性的测量：

将双踪示波器的两个探头 Y_A 和 Y_B 分别接入双 T 桥电路的输入输出端，改变输入正弦信号的频率，观测相应的输入和输出波形间的时延 τ 及信号的周

期 T，则两波形间的相位差为

$$\phi = \frac{\tau}{T} \times 360° = \phi_0 - \phi_i（输出相位与输入相位之差）$$

将各个不同频率下的相位差 ϕ 测出，即可绘出被测电路的相频特性曲线，如图 9-7 所示。

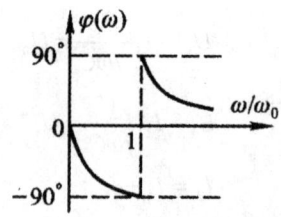

图 9-7 双 T 桥相频特性曲线

三、实验设备和材料

序号	名　　称	型号与规格	数量	备 注
1	函数信号发生器		1	
2	双踪示波器		1	
3	交流毫伏表		1	

四、实验内容

1．测量 RC 串并联电路的幅频特性

在实验箱上"RC 选频网络"实验区域，按图 9-8 连接电路。其中 R＝1KΩ，C＝0.1μF。

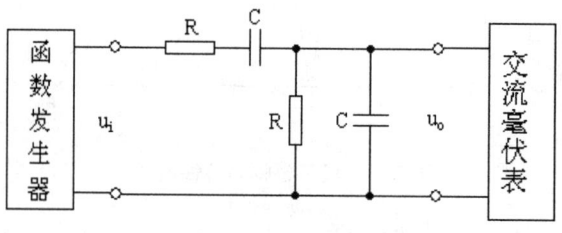

图 9-8 RC 选频网络

(1) 调节函数信号发生器，输出电压为 3V 的正弦波信号（用交流毫伏表测量），将该信号接入到图 9-8 所示实验电路输入端 U_i 的位置。然后再将交流毫伏表接到图 9-8 所示实验电路输出端 U_0 的位置。

(2) 保持输入信号 U_i 为 3V 不变，改变输入信号的频率 f，测量电路输出端的电压 U_0，先测量 β＝1/3 时（即：U_i=3V；U_0=1V）的频率 f_0，然后再根据表 9-1 中的频率数值分别进行调整，并测量输出端电压 U_0（用交流毫伏表测量）。填写表 9-1。

表 9-1

f(Hz)	30	80	150	200	300	350	450	600	750	f_0=
U_0(v)										
f(Hz)	3k	4k	5k	7k	8k	10k	15k	30k	70k	
U_0(v)										

根据表 9-1 中的数据绘出图形：

*测量 RC 串并联电路的相频特性（选做）

按实验原理中关于相频特性测量的内容和方法进行。填写表 9-2

表 9-2

f(kHz)					f_0=				
T(ms)									
τ(ms)									
φ									

2. 双 T 桥电路的幅频特性

在实验箱上"RC 选频网络"实验区域，连接电路。如图 9-9 所示。

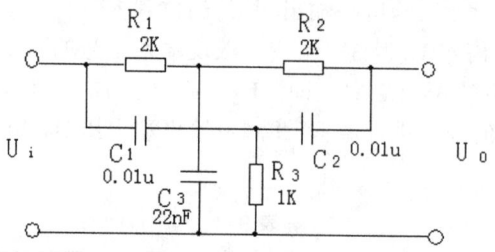

图 9-9 双 T 桥实验电路

（1）调节函数信号发生器，输出电压为 3V 的正弦波信号（用交流毫伏表测量），将该信号接入到图 9-9 所示实验电路输入端 U_i 的位置。然后再将交流毫伏表接到图 9-9 所示实验电路输出端 U_0 的位置。

（2）保持输入信号 U_i 为 3V 不变，改变输入信号的频率 f，测量电路输出端的电压 U_0。在改变频率 f 的时候，交流毫伏表上测量输出端电压 U_0 的数值会出现由大变小、再变大的过程，先测量输出端电压 U_0 最小时对应的频率 f_0，然后在 f_0 的两边分别取 10 个频率点，并测量调整到相应频率时输出端电压 U_0（用交流毫伏表测量）。填写表 9-3。

表 9-3

f(Hz)										$f_0=$
U_0(v)										
f(Hz)										
U_0(v)										

根据表 9-3 中的数据绘出图形：

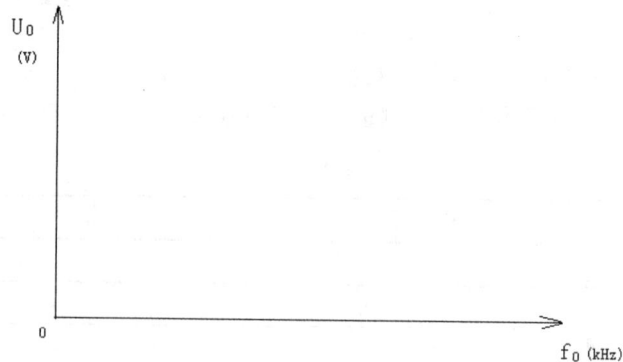

*测量双 T 电路的相频特性（选做）

按实验原理中关于相频特性测量的内容和方法进行。填写表 9-4。

表 9-4

f(kHz)					$f_0=$				
T(ms)									
τ(ms)									
ϕ									

五、实验注意事项

由于信号源内阻的影响，注意在调节输出频率时，应同时调节输出幅度，使实验电路的输入电压保持不变。

六、思考题

1．根据电路参数，估算电路两组参数时的固有频率 f_0。
2．文氏桥与双 T 桥两个 RC 网络特性有何不同？

七、实验报告

1．认真填写实验报告。
2．根据实验数据，绘制幅频特性和相频特性曲线。找出最大值，并与理论计算值比较。
3．心得体会及其他。

实验十 RC 一阶电路的观察与研究

一、实验目的

1. 测定 RC 一阶电路的零输入响应，零状态响应及完全响应。
2. 学习电路时间常数的测定方法。
3. 掌握有关微分电路和积分电路的概念。
4. 进一步学会用示波器测绘图形。

二、实验原理

1. 动态网络的过渡过程是十分短暂的单次变化过程，对时间常数 τ 较大的电路，可用慢扫描长余辉示波器观察光点移动的轨迹。然而能用一般的双踪示波器观察过渡过程和测量有关的参数，必须使这种单次变化的过程重复出现。为此，我们利用信号发生器输出的方波来模拟阶跃激励信号，即令方波输出的上升沿作为零状态响应的正阶跃激励信号；方波下降沿作为零输入响应的负阶跃激励信号，只要选择方波的重复周期远大于电路的时间常数 τ，电路在这样的方波序列脉冲信号的激励下，它的影响和直流电源接通与断开的过渡过程是基本相同的。

2. RC 一阶电路的零输入响应和零状态响应分别按指数规律衰减和增长，其变化的快慢决定于电路的时间常数 τ。

3. 时间常数 τ 的测定方法

图 10-1(a)所示电路，用示波器测得零输入响应的波形如图 10-1 (b)所示。根据一阶微分方程的求解得知

$$U = Ee^{-t/RC} = Ee^{-t/\tau}$$

当 $t=\tau$ 时，$U_c(\tau) = 0.368E$。

此时所对应的时间就等于 τ。

亦可用零状态响应波形增长到 $0.632E$ 所对应的时间测得，如图 10-1(c)所示。

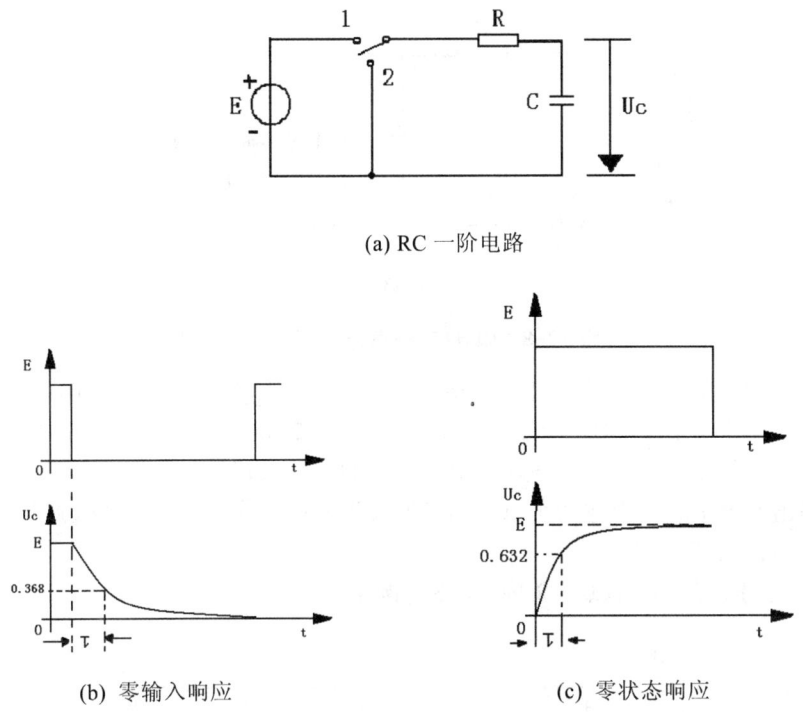

(a) RC 一阶电路

(b) 零输入响应　　　　　　　　　　(c) 零状态响应

图 10-1　零输入响应、零状态响应

4. 微分电路和积分电路是 RC 一阶电路中较典型的电路，它对电路元件参数和输入信号的周期有着特定的要求。一个简单的 RC 串联电路，在方波序列脉冲的重复激励下，当满足 $\tau=RC \ll T/2$ 时（T 为方波脉冲的重复周期），且由 R 端作为响应输出，如图 10-2（a）所示。这就构成了一个微分电路，因为此时电路的输出信号电压与输入信号电压的微分成正比。

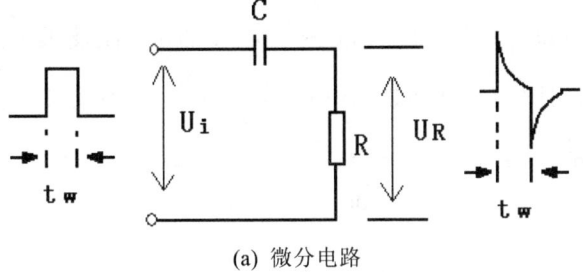

(a) 微分电路

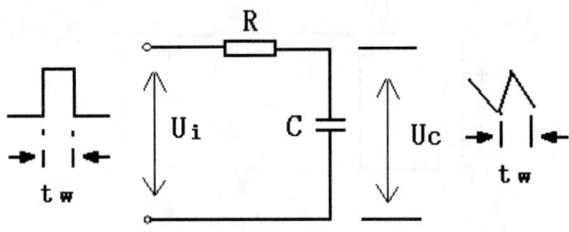

(b) 积分电路

图 10-2 微分电路和积分电路

若将图 10-2(a)中的 R 与 C 位置调换一下,即由 C 端作为响应输出,且当电路参数的选择满足 τ＝RC>>T/2 条件时,如图 10-2 (b)所示即构成积分电路,因为此时电路的输出信号电压与输入信号电压的积分成正比。

从输出波形来看,上述两个电路均起着波形变换的作用,请在实验过程中仔细观察与记录。

5. 三要素法的原理(以一阶 RC 电路为例):

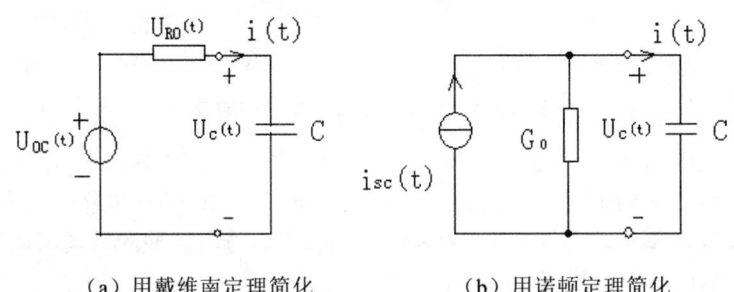

（a）用戴维南定理简化　　　　（b）用诺顿定理简化

图 10-3

当输入为直流时,图 10-3（a）及（b）中的 $U_{OC}(t)$ 及 $I_{SC}(t)$ 均为常数。如以图（a）为例,且令 $U_{OC}(t)=U$,则由 $R_0 C \dfrac{du_c}{dt} + u_c = u_{oc}(t)$ 式可得该电路以 U_C 为未知量的微分方程为:

$$\frac{du_c}{dt} = -\frac{u_c}{\tau} + \frac{u}{\tau} \qquad (10\text{-}1)$$

其中 $\tau = R_0 C$,为电路的时间常数。其解答为

$$u_c(t) = Ke^{-t/\tau} + U \qquad (10\text{-}2)$$

如设 $u_c(0)$ 及 $u_c(\infty)$ 分别为电压 u_c 的初始值及稳态值，则下列关系必然成立，即：

$$u_c(0) = K + U , \quad u_c(\infty) = U \tag{10-3}$$

由此可知

$$K = u_c(0) - u_c(\infty) \tag{10-4}$$

于是，式（10-2）式子可写为

$$u_c(t) = [u_c(0) - u_c(\infty)] e^{-t/\tau} + u_c(\infty) \tag{10-5}$$

为便于记忆，上式也可写作

$$u_c(t) - u_c(\infty) = [u_c(0) - u_c(\infty)] e^{-t/\tau} \tag{10-6}$$

上式表明：解答 $u_c(t)$ 是由 $u_c(0)$、$u_c(\infty)$ 和 τ 这三个参量决定的。

三、实验设备和材料

序号	名　称	型号与规格	数量	备注
1	函数信号发生器		1	
2	双踪示波器		1	

四、实验内容

本实验在实验箱上"一阶二阶动态电路"实验区域进行，仔细观察实验区域线路的结构，认清 R、C 元件的布局及其标称值，各开关的通断位置等。

1. 积分电路的研究

在实验箱上"一阶二阶动态电路"实验区按照以下要求选择不同的元件，连接电路如图 10-4 所示，完成实验内容。

调整函数信号发生器输出 3V 的方波信号（在示波器上测量），频率为 1KHz，接入电路的输入端。将示波器的两个测试通道分别接在图 10-4 所示积分电路的输入端与输出端，接通示波器电源。

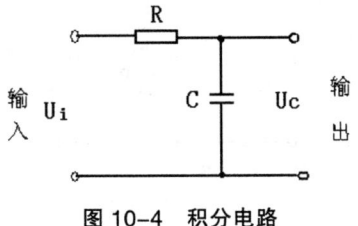

图 10-4　积分电路

(1)选择 R＝10KΩ，C＝1000pF 组合成电路如图 10-4 的形式，此电路即为 RC 充放电电路。求测时间常数 τ，并描绘 Ui 及 Uc 波形。

(2)令 R＝10KΩ，C＝3300pF，组合成电路如图 10-4 的形式，求测时间常数 τ，并描绘 Ui 及 Uc 波形。

(3)令 R＝10KΩ，C＝3300pF，再将 1000pF 电容的开关拨到"通"的位置，使电容 C 值增大，组合成电路如图 10-4 的形式，求测时间常数 τ，并描绘 Ui 及 Uc 波形。

2．微分电路的研究

在实验箱上"一阶二阶动态电路"实验区按照以下要求选择不同的元件，连接电路如图 10-5 所示，实验箱上电路连接方式如图 10-6 所示，完成实验内容。

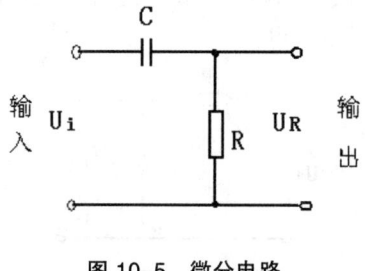

图 10-5　微分电路

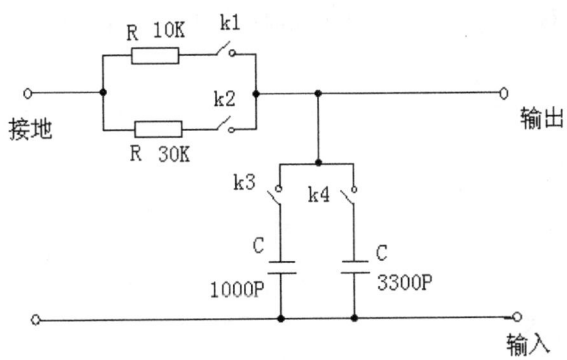

图 10-6 实验箱上电路连接方式

调整函数信号发生器输出 3V 的方波信号（在示波器上测量），频率为 1KHz，接入电路的输入端。将示波器的两个测试通道分别接在图 10-5 所示微分电路的输入端与输出端，接通示波器电源。

（1）令 R=30KΩ，C=3300pF，测量时间常数 τ，并描绘 Ui 及 Uc 波形。

（2）将 10K 电阻与 30K 电阻并联，C=3300pF，求测时间常数 τ，并描绘 Ui 及 Uc 波形。

（3）将 10K 电阻与 30K 电阻并联，C=1000pF，求测时间常数 τ，并描绘 Ui 及 Uc 波形。

（4）总结 1kHz 方波作用于三种不同时间常数 τ 的 RC 电路之后其相应变化的规律。

五、实验注意事项

1．示波器的辉度不要过亮。

2．调节仪器旋钮时，动作不要过猛。

3．调节示波器时，要注意触发开关和电平调节旋钮的配合使用，以使显示的波形稳定。

4．作定量测定时，"t/div" 和 "v/div" 的微调旋钮应旋至 "校准" 位置。

5．为防止外界干扰，函数信号发生器的接地端与示波器的接地端要连接在一起（称共地）。

六、思考题

1．已知 RC 一阶电路 $R=10K\Omega$，$C=0.1\mu F$，试计算时间常数 τ，并根据 τ 值的物理意义，拟定测定 τ 的方案。

2．任意一个 RC 串联电路从电容上取输出这个电路就叫积分电路吗？构成积分电路的条件是什么？以本实验中所选的几个方波频率说明是否满足积分或微分电路的要求？

七、实验报告

1．认真填写实验报告。

2．根据实验观测结果，归纳、总结积分电路和微分电路的形成条件，阐明波形变换的特征。

3．心得体会及其他。

实验十一 二阶动态电路响应的研究

一、实验目的

1. 学习用实验方法研究二阶动态电路的响应，了解电路元件参数对响应的影响。

2. 观察、分析二阶电路响应的三种状态轨迹及其特点，以加深对二阶电路响应的认识与理解。

二、实验原理

1. 一个二阶电路在方波正、负阶跃信号的激磁下，可获得零状态与零输入响应，其响应的变化轨迹决定于电路的固有频率，当调节电路的元件参数值，使电路的固有频率分别为负实数、共轭复数及虚数时，可获得单调地衰减、衰减振荡和等幅振荡的响应。在实验中可获得过阻尼，欠阻尼和临界阻尼这三种响应图形。

2. 含电感和电容的二阶电路如图 11-1（a）所示，运用戴维南定理后可得如图 11-1（b）所示的 RLC 串联电路。对于每一元件，可以写出 VCR 为

$$\left. \begin{array}{l} i = C\dfrac{\mathrm{d}u_c}{\mathrm{d}t} \\ u_R = Ri = RC\dfrac{\mathrm{d}u_c}{\mathrm{d}t} \\ u_L = L\dfrac{\mathrm{d}i}{\mathrm{d}t} = LC\dfrac{\mathrm{d}^2 u_c}{\mathrm{d}t^2} \end{array} \right\} \quad (11\text{-}1)$$

根据 KVL 可得

$$LC\dfrac{\mathrm{d}^2 uc}{\mathrm{d}t^2} + RC\dfrac{\mathrm{d}u_c}{\mathrm{d}t} + u_c = u_{oc}(t) \quad (11\text{-}2)$$

(a)

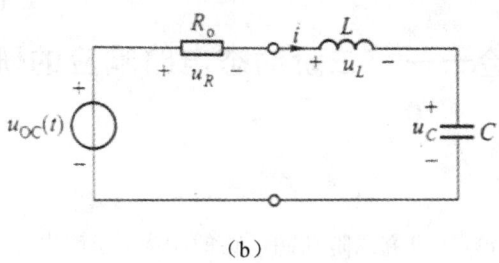

(b)

图 11-1 RLC 串连电路

这是一个线性二阶常系数微分方程,未知量为 $u_c(t)$。为求出解答,必须知道两个初始条件,即 $u_c(0)$ 以及 $\left.\dfrac{du_c}{dt}\right|_0$,$u_c(0)$ 即电容的初始状态,那么后一个初始条件又是怎样确定的呢?由(11-1)中第一式可知

$$\left.\dfrac{du_c(t)}{dt}\right|_0 = \left.\dfrac{i(t)}{C}\right|_0 = \dfrac{i(0)}{C} \tag{11-3}$$

知道了 $i(0)$ 就能确定后一条件而 $i(0)$ 就是 $i_L(0)$,即电感的初始状态。在这里再次见到:根据电路的初始状态 $u_c(0)$、$i_L(0)$ 和 $t \geqslant 0$ 时电路的激励就可以完成 $t \geqslant 0$ 时的响应 $u_c(t)$。图 11-1 电路的零输入响应,也就是 $u_{oc}(t)=0$ 时电路的响应。使方程式(11-2)中 $u_{oc}(t)=0$,得齐次方程

$$LC\dfrac{d^2 u_c}{dt^2} + RC\dfrac{du_c}{dt} + u_c = 0 \tag{11-4}$$

或

$$\dfrac{d^2 u_c}{dt^2} + \dfrac{R}{L}\dfrac{du_c}{dt} + \dfrac{1}{LC}u_c = 0 \tag{11-5}$$

求解这一方程,便可得到 $u_c(t)$。由微分方程理论可知,这一齐次方程解答的形式将视特征根的性质而定。(11-5)的特征方程为

$$s^2 + \dfrac{R}{L}s + \dfrac{1}{LC} = 0 \tag{11-6}$$

这一方程有两个根,即

$$s_{1,2} = -\dfrac{R}{2L} \pm \sqrt{\left(\dfrac{R}{2L}\right)^2 - \dfrac{1}{LC}} \tag{11-7}$$

特征根即电路的固有频率,它将确定零输入响应的形式。由于 R、L、C 数值不

同，固有频率 S_1 和 S_2 可出现三种不同的情况：

(1) 当 $(\frac{R}{2L})^2 > \frac{1}{LC}$ 时，即 $R > 2\sqrt{\frac{L}{C}}$ 时，s_1、s_2 为不相等的负实数。

(2) 当 $(\frac{R}{2L})^2 = \frac{1}{LC}$ 时，即 $R = 2\sqrt{\frac{L}{C}}$ 时，s_1、s_2 为相等的负实数。

(3) 当 $(\frac{R}{2L})^2 < \frac{1}{LC}$ 时，即 $R < 2\sqrt{\frac{L}{C}}$ 时，s_1、s_2 为共轭复数，其实部为负数。

$2\sqrt{\frac{L}{C}}$ 具有电阻的量纲，称为 RLC 串联电路的阻尼电阻，记为 R_d，即

$$R_d = 2\sqrt{\frac{L}{C}} \tag{11-8}$$

当串联电路 R 大于、等于、小于阻尼电阻 R_d 时分别称为过阻尼、临界、欠阻尼情况。

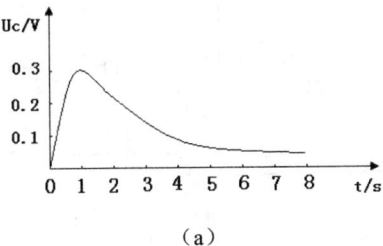

(a)

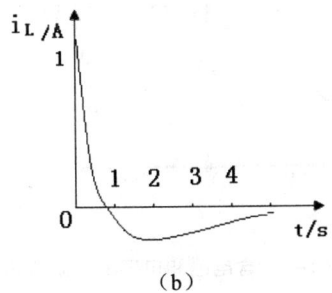

(b)

图 11-2 过阻尼时的零输入响应

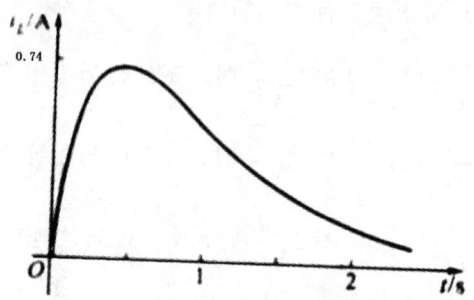

图 11-3 临界阻尼时的零输入响应

3. GCL 并联电路的分析

含电感和电容的二阶电路如图 11-4(a)所示,运用诺顿定理后可得如图(b)的 GCL 并联电路。

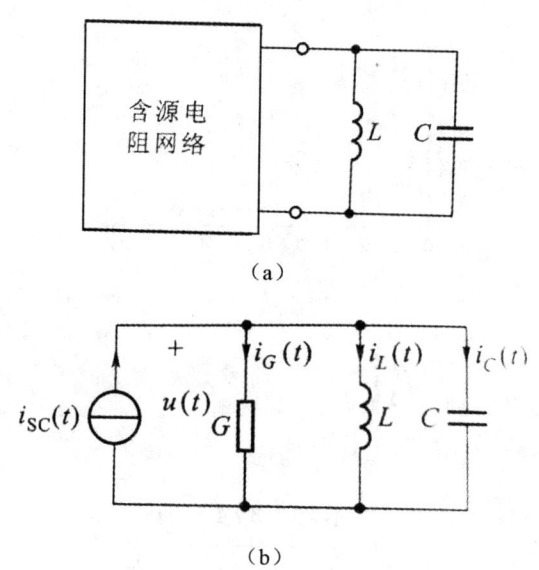

(a)

(b)

图 11-4 含电感和电容的二阶电路

根据 KCL

$$i_c(t)+i_G(t)+i_L(t)=i_{sc}(t) \tag{11-9}$$

以 $i_c = C\dfrac{\mathrm{d}u}{\mathrm{d}t} = LC\dfrac{\mathrm{d}^2 i_L}{\mathrm{d}t^2}$ 和 $i_G = Gu = GL\dfrac{\mathrm{d}i_L}{\mathrm{d}t}$ 代入,可得

$$LC\dfrac{\mathrm{d}^2 i_L(t)}{\mathrm{d}t^2}+GL\dfrac{\mathrm{d}i_L(i)}{\mathrm{d}t}+i_L(t)=i_{sc}(t) \quad t \geqslant 0 \tag{11-10}$$

解这一非齐次二阶微分方程便可得 $i_L(t)$。

如果把式（11-10）和 RLC 串联电路方程式（11-2）作一比较就会发现：把串联电路方程中的 u_c 换以 i_L，L 换以 C，C 换以 L，R 换以 G，u_{oc} 换以 i_{sc} 就会得到并联的方程。

简单而典型的二阶电路是一个 RLC 串联电路和 GCL 并联电路，这二者之间存在着对偶关系。

本实验仅对 GCL 并联电路进行研究。

三、实验设备和材料

序号	名称	型号与规格	数量	备注
1	函数信号发生器		1	
2	双踪示波器		1	

四、实验内容

在实验箱上"二阶动态响应"实验区域连接如图 11-5 所示的 GCL 并联电路。图中 R_1=10KΩ，L=10mH，C=1000PF，R_2 为 10KΩ 可调电阻器。

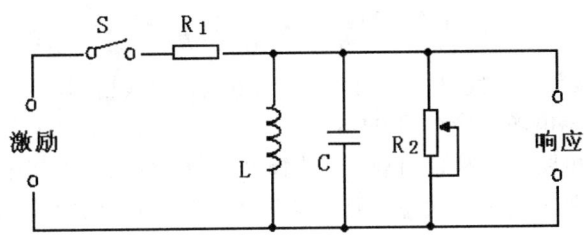

图 11-5 GCL 并联电路

1. 调节可变电阻器 R_2 之值，观察二阶电路的零输入响应和零状态响应的过阻尼、临界阻尼和欠阻尼的变化过程。

2. 定量测量欠阻尼响应波形的一些参数。

调节 R_2 使示波器荧光屏上呈现稳定的欠阻尼响应波形，如图 11-6 所示，测量此时电路的衰减常数 α 和振荡频率 ω_d 完成以下实验内容。

在示波器上测量出图 11-6 中所示周期 T_d 和 A、B 两点的电压值，并按照以下公式计算。

$$\omega_d = 2\pi f_d = 2\pi \frac{1}{T_d} \qquad (11\text{-}11)$$

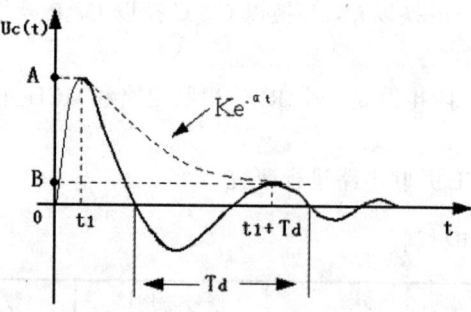

图 11-6 欠阻尼响应波形

α由下式计算得出：

$$A = Ke^{-\alpha t_1} \qquad (11\text{-}12)$$
$$B = Ke^{-\alpha(t_1+T_d)} \qquad (11\text{-}13)$$

（11-12）除以（11-13）得

$$\frac{A}{B} = e^{\alpha T_d}$$

$$\alpha T_d = \ln\frac{A}{B} \Rightarrow \alpha = \frac{1}{T_d}\ln\frac{A}{B} \qquad (11\text{-}14)$$

（1）调整函数信号发生器的输出 3V 的方波信号（用示波器测量），频率为 1KHz，通过同轴电缆线接至图 11-5 的激励端，将示波器的两个通道分别接在如图 11-5 所示电路的激励端和响应。选择 $R_1=10\text{K}\Omega$，L＝10mH，C＝1000PF，调整 R_2 使电路处于欠阻尼状态，测量参数 A、B 和 T_d 并计算α和ω。

（2）调整函数信号发生器的输出 3V 的方波信号（用示波器测量），频率为 1KHz，通过同轴电缆线接至图 11-5 的激励端，将示波器的两个通道分别接在如图 11-5 所示电路的激励端和响应。选择 $R_1=10K\Omega$，$L=10mH$，$C=3300pF$，调整 R_2 使电路处于欠阻尼状态，测量参数 A、B 和 T_d 并计算 α 和 ω。

（3）调整函数信号发生器的输出 3V 的方波信号（用示波器测量），频率为 200Hz，通过同轴电缆线接至图 11-5 的激励端，将示波器的两个通道分别接在如图 11-5 所示电路的激励端和响应。选择 $R_1=10K\Omega$，$L=10mH$，$C=0.33uF$，调整 R_2 使电路处于欠阻尼状态，测量参数 A、B 和 T_d 并计算 α 和 ω。

（4）调整函数信号发生器的输出 3V 的方波信号（用示波器测量），频率为 1KHz，通过同轴电缆线接至图 11-5 的激励端，将示波器的两个通道分别接在如图 11-5 所示电路的激励端和响应。选择 $R_1=30K\Omega$，$L=10mH$，$C=3300pF$，调整 R_2 使电路处于欠阻尼状态，测量参数 A、B 和 T_d 并计算 α 和 ω。

五、实验注意事项

1. 调节 R_2 时，要细心、缓慢，临界阻尼要找准。
2. 观察双踪时，显示要稳定，如不同步，则可采用外同步法（看示波器说明）触发。

六、思考题

1. 根据二阶电路实验线路元件的参数，计算出处于临界阻尼状态的 R_2 之值。
2. 在示波器荧光屏上，如何测得二阶电路零输入响应欠阻尼状态的衰减常数 α 和振荡频率 ω_d？

七、实验报告

1. 认真填写实验报告。
2. 测算欠阻尼振荡曲线上的 α 与 ω_d。
3. 归纳、总结电路元件参数的改变，对响应变化趋势的影响。
4. 心得体会及其他。

实验十二 R、L、C 串联谐振电路的研究

一、实验目的

1. 学习用实验方法测试 R、L、C 串联谐振电路的幅频特性曲线。
2. 加深理解电路发生谐振的条件、特点、掌握电路品质因数的物理意义及其测定方法。

二、实验原理

1. 在图 12-1 所示的 R、L、C 串联电路中,当正弦交流信号源的频率 f 改变时,电路中的感抗、容抗随之而变,电路中的电流也随 f 而变。取电路电流 I 作为响应,当输入电压 U_i 维持不变时,在不同信号频率的激励下,测出电阻 R 两端电压 U_0 之值,则 $I=U_0/R$,然后以 f 为横坐标,以 I 为纵坐标,绘出光滑的曲线,此即为幅频特性,亦称电流谐振曲线,如图 12-2 所示。

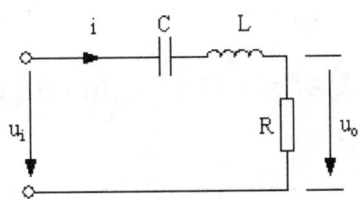

图 12-1 RLC 串联电路

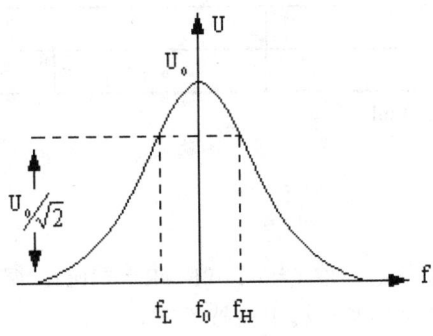

图 12-2 电流谐振曲线

2. 在 $f=f_0=\dfrac{1}{2\pi\sqrt{LC}}$ 处$(X_L=X_C)$，即幅频特性曲线尖峰所在的频率点，该频率称为谐振频率，此时电路呈纯阻性，电路阻抗的模为最小，在输入电压 U_i 为定值时，电路中的电流 I_0 达到最大值，且与输入电压 U_i 同相位，从理论上讲，此时 $U_i=U_{R0}=U_0$，$U_{L0}=U_{C0}=QU_i$，式中的 Q 称为电路的品质因数。

3. 电路品质因数 Q 值的两种测量方法

一是根据公式

$$Q=\dfrac{U_{L0}}{U_i}=\dfrac{U_{C0}}{U_i} \qquad (12-1)$$

测定，U_{C0} 与 U_{L0} 分别为谐振时电容器 C 和电感线圈 L 上的电压；另一方法是通过测量谐振曲线的通频带宽度

$$\triangle f=f_H-f_L \qquad (12-2)$$

再根据

$$Q=\dfrac{f_0}{f_H+f_L} \qquad (12-3)$$

求出 Q 值，式中 f_0 为谐振频率，f_H 和 f_L 是失谐时，幅度下降到最大值的 $\dfrac{1}{\sqrt{2}}(=0.707)$ 倍时的上、下频率点。

Q 值越大，曲线越尖锐，通频带越窄，电路的选择性越好。

三、实验设备和材料

序号	名称	型号与规格	数量	备注
1	函数信号发生器		1	
2	交流毫伏表		1	
3	双踪示波器		1	
4	频率计		1	

注：本实验的 L＝约 30mH

四、实验内容

1. 按图 12-3 电路接线，取 C=6800PF，R＝510Ω，调节信号源输出电压为 3V 正弦信号，并在整个实验过程中保持不变。

2. 找出电路的谐振频率 f_0。其方法是：如图 12-3 所示将示波器一个通道

跨接在电阻 R 两端,另一个通道跨接在信号源,令信号源的频率由小逐渐变大(注意要维持信号源的输出幅度不变),当 U_0 的相位与 U_i 的相位一致时,读得频率值即为电路的谐振频率 f_0。并用交流电压表(万用表交流电压挡)测量 U_0、U_i、U_{L0}、U_{C0} 之值,记入表 12-1 中。

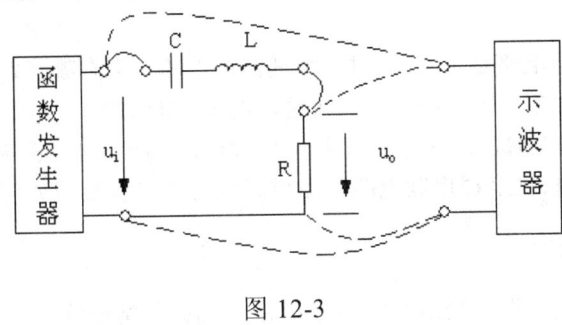

图 12-3

表 12-1

R(KΩ)	f_0(KHz)	U_i(V)	U_O(V)	U_{L0}(V)	U_{C0}(V)	Q
0.5						

3. 找上限截止频率 f_H 和下限截止频率 f_L:先计算出 $U_0/\sqrt{2}$,然后用交流电压表测 U_R,调信号发生器的频率(仔细往低频调),当 U_R 下降至 $U_0/\sqrt{2}$ 时对应的频率为 f_L;调信号发生器的频率(仔细往高频调),当 U_R 下降至 $U_0/\sqrt{2}$ 对应的频率为 f_H。

4. 分别在谐振点 f_0 和下限频率 f_L 之间、谐振点 f_0 和上限频率 f_H 之间加测几个频率及相对应的 U_R 值,记入表 12-2 中。

表 12-2

R(KΩ)		f_L			f_0	f_H		
0.51	f(KHz)							
	U_R(V)							
	计算 I(mA)							

五、实验注意事项

测试频率点的选择应在靠近谐振频率附近多取几点,在变换频率测试时,应调整信号输出幅度,使其维持在 3V 输出不变。

六、思考题

1. 根据实验电路板给出的元件参数值，估算电路的谐振频率。

2. 改变电路的哪些参数可以使电路发生谐振，电路中 R 的数值是否影响谐振频率值？

3. 如何判别电路是否发生谐振?测试谐振点的方案有哪些？

4. 电路发生串联谐振时，为什么输入电压不能太大，如果信号源给出 1V 的电压，电路谐振时，用交流毫伏表测 U_L 和 U_C，应该选择多大的量限？

5. 要提高 R、L、C 串联电路的品质因数，电路参数应如何改变？

七、实验报告

1. 根据测量数据，绘出不同 Q 值时两条幅频特性曲线。

2. 计算出通频带与 Q 值，说明不同 R 值时对电路通频带与品质因数的影响。

3. 对两种不同的测 Q 值的方法进行比较，分析误差原因。

实验十三　互感电路观测

一、实验目的

1. 观察交流电路中的互感现象。
2. 学会互感电路同名端、互感系数的测定方法。

二、实验原理

1. 判断互感线圈同名端的方法

（1）直流法

如图 13-1 所示,当开关 S 闭合瞬间,若毫安表的指针正偏,则可断定"1"、"3"为同名端;指针反偏,则"1"、"4"为同名端。

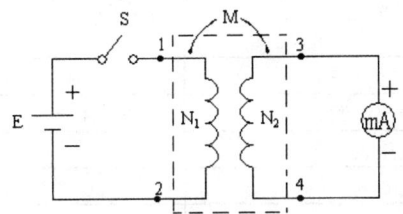

图 13-1　互感线圈

（2）交流法

如图 13-2 所示,将两个线圈 N_1 和 N_2 的任意两端（如 2、4 端）联在一起,在其中的一个线圈（如 N_1）两端加一个低压交流电压,另一线圈开路,（如 N_2）,用交流电压表分别测出端电压 U_{13}、U_{12} 和 U_{34}。若 U_{13} 是两个绕组端压之差,则 1、3 是同名端;若 U_{13} 是两绕组端压之和,则 1、4 是同名端。

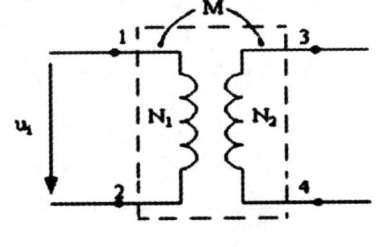

图 13-2　互感线圈

2. 两线圈互感系数 M 的测定

如图 13-3，在 N_1 侧施加低压交流电压 U_1，N_2 侧开路，测出 I_1 及 U_2，根据互感电势 $E_{2M} \approx U_{20} = \omega M I_1$，可算得互感系数为

$$M = \frac{U_2}{\omega I_1}$$

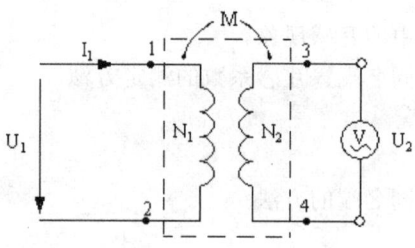

图 13-3　互感线圈

三、实验设备和材料

序号	名　　称	型号与规格	数量	备注
1	可调直流稳压电源	0～10V	1	
2	直流数字电压表		1	
3	直流数字毫安表		1	
4	直流数字安培表		1	
5	交流电压表		1	

四、实验内容

1. 分别用直流法和交流法测定互感线圈的同名端

（1）直流法

将 0-30V 直流稳压电源调至 E=3V，按图 13-4 所示连接实验线路。

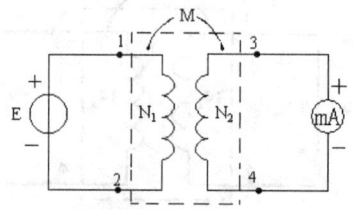

图 13-4　实验电路

先将直流稳压电源开关置于"关"位置,然后打开电源开关,在铁芯互感线圈原边加 3V 的直流电压。在加上电压瞬间,若毫安表的指针正偏,则可断定"1"、"3"为同名端;指针反偏,则"1"、"4"为同名端。

(2)交流法

按图 13-5 接线,接通电源前,应首先检查"降压选择"是否置于"0V",确认后方可接通交流电源,即令开关置于"开"位置,使降压选择置于"3V",然后用 0~30V 量程的交流电压表分别测量 U_{13},U_{12},U_{34},判定同名端。拆去 2、4 联线,并将 2、3 相接,重复上述步骤,判定同名端。

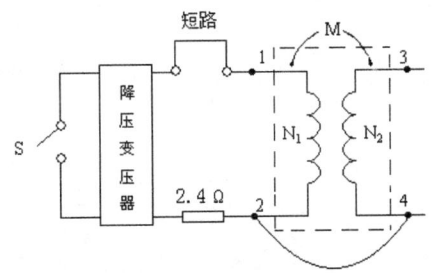

图 13-5 实验电路

2. 两线圈互感系数 M 的测定

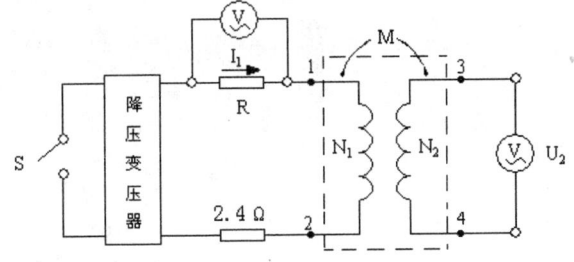

图 13-6 实验电路

按图 13-6 连接电路。"减压选择"调至 3.0V,在线圈 1 上串联电阻 R=100Ω。用交流电压表(万用表交流电压挡)分别测量 R 上电压 U_R 及线圈 2 的开路电压 U_2。则在线圈 1 中的固定频率的正弦电流 $I_1=U_R/R$。

因为 $U_2=\omega M I_1$,所以 $M = \dfrac{U_2}{\omega I_1}$。

五、实验注意事项

1. 作交流实验前,首先要检查"降压选择"是否置于"0V"。

六、实验报告

1. 总结对互感线圈同名端、互感系数的实验测试方法。
2. 自拟测试数据表格,完成计算任务。
3. 解释实验中观察到的互感现象。
4. 心得体会及其他。

实验十四　铁磁材料的磁滞回线和基本磁化曲线

一、实验目的

1. 认识铁磁物质的磁化规律，比较良种典型的铁磁物质的动态磁特性。
2. 测定样品的基本磁化曲线，作 μ－H 曲线。
3. 测定样品的 H_c、B_r、B_m 和 $[H_m \cdot B_m]$ 等参数。
4. 测绘样品的磁滞回线，估算其磁滞损耗。

二、实验原理

铁磁物质是一种性能特异，用途广泛的材料。铁、钴、镍及其众多合金以及含铁的氧化物（铁氧体）均属铁磁物质。其特征是在外磁场作用下能被强烈磁化，故磁导率 μ 很高。另一特征是磁滞，即磁化场作用停止后，铁磁质仍保留磁化状态，图 14-1 为铁磁物质的磁感应强度 B 与磁化场强度之间的关系曲线。

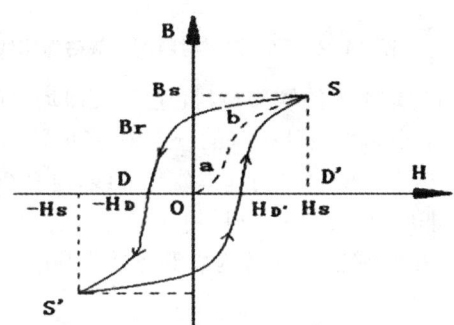

图 14-1　铁磁质的起始磁化曲线和磁滞回线

图 14-1 中的原点 O 表示磁化之前铁磁质处于磁中性状态，即 B=H=0，当磁场从零开始增加时，磁感应强度 B 随之缓慢上升，如线段 oa 所示，继之 B 随 H 迅速增长，如 ab 所示，其后 B 的增长又趋缓慢，并当 H 增至 H_S 时，B 到达饱和值 B_S，0abs 称为起始磁化曲线。图 14-1 表明，当磁场从 H_S 逐渐减小至零，磁感应强度 B 并不沿起始磁化曲线恢复到"0"点，而是沿另一条新的曲线 SR 下降，比较线段 0S 和 SR 可知，H 减小 B 相应也减小，但 B 的变化滞后于 H 的变化，这现象称为磁滞，磁滞的明显特征是当 H=0 时，B 不为零，而保

留剩磁 B_r。

当磁场反向从 0 逐渐变至 $-H_D$ 时，磁感应强度 B 消失，说明要消除剩磁，必须施加反向磁场，H_D 称为矫顽力，它的大小反映铁磁材料保持剩磁状态的能力，线段 RD 称为退磁曲线。

图 14-1 还表明，当磁场按 $H_S \to 0 \to H_D \to H_S \to 0 \to H_D \to H_S$ 次序变化，相应的磁感应强度则沿闭合曲线变化，这闭合曲线称为磁滞回线。所以，当铁磁材料处于交变磁场中时（如变压器中的铁芯），将沿磁滞回线反复被磁化去磁反向磁化反向去磁。在此过程中要消耗额外的能量，并以热的形式从铁磁材料中释放，这种损耗称为磁滞损耗，可以证明，磁滞损耗与磁滞回线所围面积成正比。

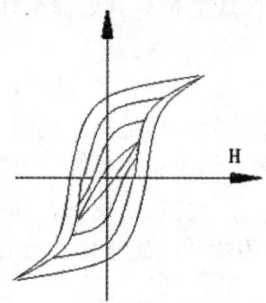

图 14-2　同一铁磁材料的一簇磁滞回线

应该说明，当初始态为的铁磁材料，在交变磁场强度由弱到强依次进行磁化，可以得到面积由小到大向外扩张的一簇磁滞回线，如图 14-2 所示，这些磁滞回线顶点的连线称为铁磁材料的基本磁化曲线，由此可以近似确定其磁导率 μ=B/H，因 B 与 H 非线性，故铁磁材料的 μ 不是常数，而是随而变化（如图 14-3 所示）。铁磁材料的相对磁导率可高达数千乃至数万，这一特点是它用途广泛的主要原因之一。

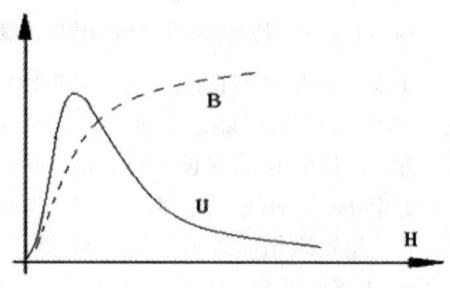

图 14-3　铁磁材料 μ 与 H 关系曲

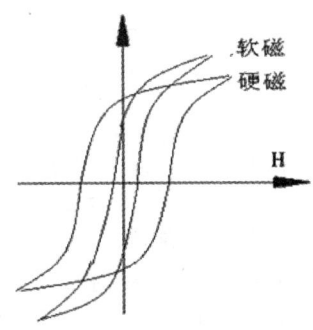

图 14-4　常见的两种典型的磁滞回线

可以说磁化曲线和磁滞回线是铁磁材料分类和选用的主要依据，图 14-4 为常见的两种典型的磁滞回线，其中软磁材料的磁滞回线狭长、矫顽力、剩磁和磁滞损耗均较小，是制造变压器、电机和交流磁铁的主要材料。而硬磁材料的磁滞回线较宽，矫顽力大，剩磁强，可用来制造永磁体。

观察和测量磁滞回线和基本磁化曲线的线路如图 14-5 所示。

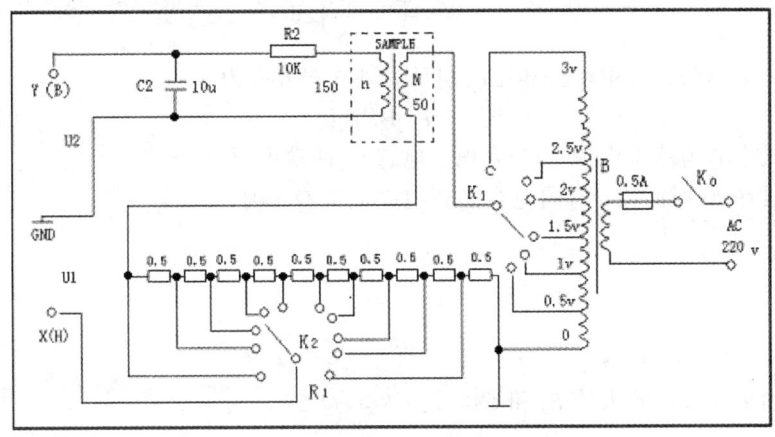

图 14-5　实验线路

待测样品为型矽钢片，为励磁绕组，为用来测量磁感应强度而设置的绕组。为励磁电流取样电阻，设通过的交流励磁电流为 i，根据安培环路定律，样品的磁化场强为：

97

$$i = \frac{U_1}{R_1}$$

$$H = \frac{Ni}{L} \tag{14-1}$$

$$H = \frac{N}{LR_1}U_1$$

（1）式中的 N、L、R_1 均为已知常数，所以由 U_1 可确定 H。

在交变磁场下，样品的磁感应强度瞬时值是测量绕组 n 和 R_2 C_2 电路给定的，根据法拉第电磁感应定律，由于样品中的磁通的变化，在测量线圈中产生的感应电动势的大小为

$$\varepsilon_2 = n\frac{d\Phi}{dt} \tag{14-2}$$

$$\Phi = \frac{1}{n}\int \varepsilon dt$$

S 为样品的截面积

$$B = \frac{\Phi}{S} = \frac{1}{nS}\int \varepsilon dt \tag{14-3}$$

如果忽略自感电动势和电路损耗，则回路方程为

$$\varepsilon_2 = i_2 R_2 + U_2 \tag{14-4}$$

式中 i_2 为感生电流，U_2 为积分电容 C_2 两端电压。

设在 Δt 时间内，i_2 向电容的充电电量为 Q，则

$$U_2 = \frac{Q}{C_2}$$

所以

$$\varepsilon_2 = i_2 R_2 + \frac{Q}{C_2}$$

如果选取足够大的 R_2 和 C_2，使 $i_2 R_2 >> Q/C_2$，则

$$\varepsilon_2 = i_2 R_2$$

因为

$$i_2 = \frac{dQ}{dt} = C_2 \frac{dU_2}{dt}$$

所以

$$\varepsilon_2 = C_2 R_2 \frac{dU_2}{dt}$$

所以

$$B = \frac{C_2 R_2}{nS} U_2$$

上式中 C_2、R_2、n 和 S 均为已知常数。所以由 U_2 可确定 B。

综上所述,将图 14-5 中的 U_1 和 U_2 分别加到示波器的"X 输入"和"Y 输入"便可观察样品的曲线;如将 U_1 和 U_2 加到测试仪的信号输入端可测定样品的饱和磁感应强度 B_S、剩磁 B_r、矫顽力 H_D、磁滞损耗[BH]以及磁导率 μ 等参数。

三、实验设备和材料

序号	名　　称	型号与规格	数量	备注
1	可调直流稳压电源	0~10V	1	
2	直流数字电压表		1	
3	直流数字毫安表		1	

四、实验内容

1. 电路连接:选磁滞回线样品按实验仪上所给的电路图连接线路,并令 $R_1=2.4\Omega$,"降压选择"置于 0 位。U_1 和 U_2 分别接示波器的"X 输入"和"Y 输入",插孔⊥为公共端。

2. 样品退磁:开启实验仪电源,对试样进行退磁,即顺时针方向转动"降压选择"旋钮,令 U 从 0 增至 3V,然后逆时针方向转动旋钮,将 U 从最大值降为 0,其目的是消除剩磁,确保样品处于磁中性状态,即 B=H=0,如图 14-6 所示。

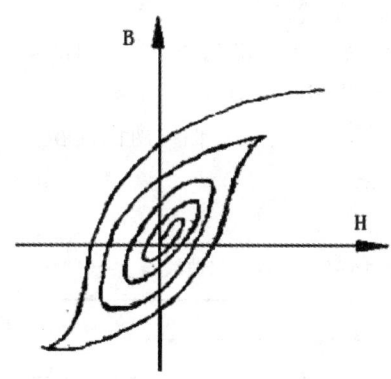

图 14-6　退磁示意图

3. 观察磁滞回线:开启示波器电源,令光点位于坐标网格中心,令 U=2.2V,并分别调节示波器 X 和 Y 轴的灵敏度,使显示屏上出现图形大小合适的磁滞回线（若图形顶部出现编织状的小环，如图 14-7 所示，这时可降低励磁电压 U 予以消除）。

4．观察基本磁化曲线，按步骤 2 样品进行退磁，从 U=0 开始，逐挡提高励磁电压，将在显示屏上得到面积由小到大一个套一个的一簇磁滞回线。这些磁滞回线顶点的连线就是样品的基本磁化曲线，借助示波器便可观察到该曲线的轨迹。

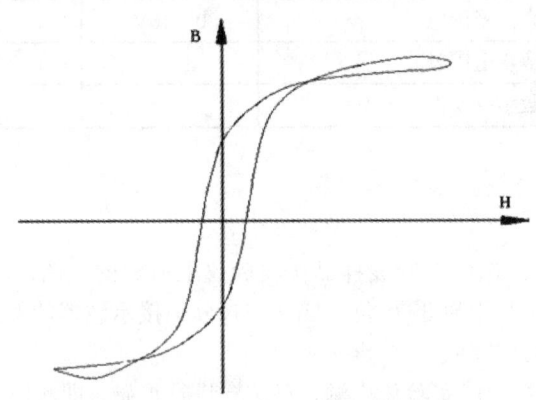

图 14-7 U_2 和 B 的相位差等因素引

5．测绘 μ-H 曲线：仔细阅读测试仪的实验说明，接通实验仪和测试仪之间的连线。开启电源，对样品进行退磁后，依次测定 U=0.5，1.0，…，3.0V 时的十组 H_m 和 B_m 值，作 μ-H 曲线。

6．令 U=3.0V，R_1=2.4Ω 测定样品的 B_m，B_r，H_D 和[BH]等参数。

7．取步骤 6 中的 H 和其相应的 B 值，用坐标纸绘制 B—H 曲线（如何取数？取多少组数据？自行考虑），并估算曲线所围面积。

五、实验记录

表 14-1 基本磁化曲线与 μ-H 曲线

U（V）	H×10^4 安/米	B×10^2 特斯拉	μ=B/H 亨利/米
0.5			
1.0			
1.2			
1.5			
1.8			

2.0			
2.2			
2.5			
2.8			
3.0			

表 14-2　B—H 曲线　　$H_D=$　　$B_r=$　　$B_m=$　　[BH]=

NO	H×10^{4}A/M	B×10^{2}T	NO	H×10^{4}A/M	B×10^{2}T

六、实验报告

1. 认真填写实验报告。
2. 写出心得体会及其他。

实验十五　二阶网络状态轨迹的显示

一、实验目的

1. 观察 RLC 电路的状态轨迹。
2. 掌握一种同时观察两个无公共接地端电信号的方法。

二、实验原理

1. 任何变化的物理过程在每一时刻所处的"状态",都可以概括地用若干被称为"状态变量"的物理量来描述。例如一辆汽车可以用它在不同时刻的运动速度和加速度来描述它是处于停止状态、加速状态或者匀速运动状态;一杯水可以用它的温度来描述它是处于结冰的固态还是沸腾的开水,这里速度、加速度和温度都可称为状态变量。由于物体所具有的动能等于 $1/2MV^2$ 而物体具有的热量等于 $mc(t_2-t_1)$,我们常将与物体储能直接有关的物理量作为状态变量。

电路也不例外,一个动态网络在不同时刻各支路电压、电流都在变化,所处的状态也都不相同。在所有 V_C、i_C、V_L、I_L、V_R、i_R 六种可能的变量中,由于电容的储能为 $1/2CV_C^2$,电感的储能 $1/2Li_L^2$,所以选电容的电压和电感的电流作为电路的状态变量。了解了电路中 V_C 和 I_L 的变化就可以了解电路状态的变化。

2. "状态变量"较确切的定义是能描述系统动态特性组最少数量的数据。对一个电网络,若选择全部电容电压和电感电流作状态变量,那么根据这些状态变量和激励,就可确定网络中任一支路的电压或电流。但是在一个电网络中若存在三个电容构成的一个回路,则只有两个电容的电压可选作状态变量。若有三电感共一节点,则只有其中两个电感的电流可选作状态变量。

对 n 阶网络应该用 n 个状态变量来描述。可以设想一个 n 维空间,每一维表示一个状态变量,构成一个"状态空间"。网络在,每一时刻所处的状态可以用状态空间中一个点来表达,随着时间的变化,点的移动形成一个轨迹,称为"状态轨迹"。电路参数不同则状态轨迹也不相同。对三阶网络状态空间可用一个三维空间来表达,而二阶网络可以用一个平面来表达,见实验图 15-1、15-2 和 15-3。

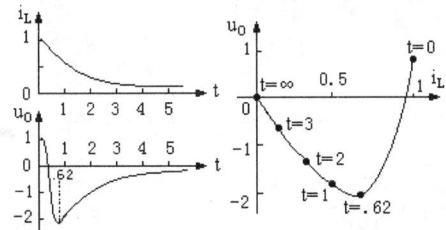

图 15-1 RLC 电路在过阻尼

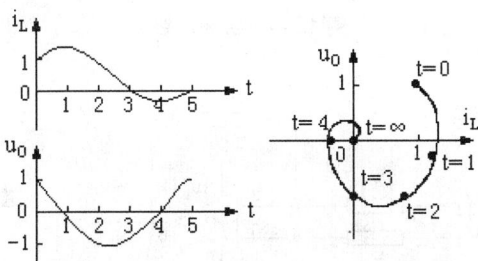

图 15-2 RLC 电路在欠阻尼时的状态

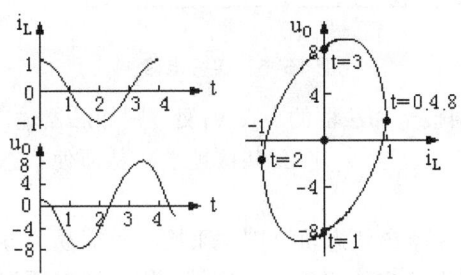

图 15-3 RLC 电路在 R=0 时的状态

3. 状态变量是一些与储能直接有关的物理量，因为能量是不能突变的，所以状态量一般也是不能突变的（除非在与能提供无穷大功率的理想能源相接），因而状态轨迹是一根连续的曲线。

4. 用示波器显示二阶网络状态轨迹的原理与显示李萨如图形完全一样。它采用实验图 15-4 电路，用方波作为激励，使过渡过程能重复出现，以便于用一般示波器观察。示波器 X 轴应接 V_R，因为它与 I_L 成正比，而 Y 轴应接 V_C，但是由于这两个电压不是对同一零电位点的（无公共接地端），这就对测试工作带来了困难，为此采用一减法器如实验图 15-5。其输出电压为：$V_O=R_2/R_1(V_2-V_1)$。

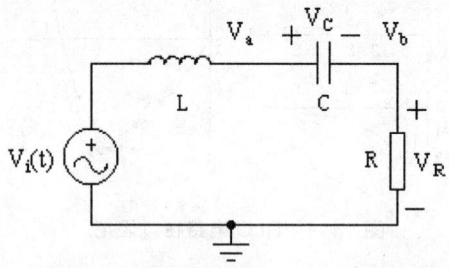

图 15-4 实验电路

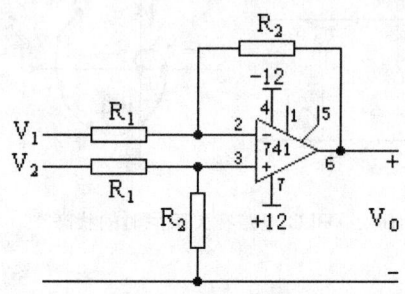

图 15-5 实验电路

若将 V_a、V_b 分别接至加法器的 V_2、V_1 处，则加法器输出 V_O 为 $V_a-V_b=V_C$，即电容两端电压，该电压与 V_R 有公共接地端，从而使状态轨迹的观察成为可能。

在本实验箱中，观察该状态轨迹则是采用一种简易的方法如图 15-4，由于电阻 R 阻值很小，在 b 点电压仍表现为容性，因此电容两端电压分别引到示波器 X 轴和 Y 轴仍能看到状态的轨迹。

三、思考题

1．简述用示波器显示李萨如图的原理和示波器的联接方法。

2．哪些是实验图 15-6 电路的状态变量，在不同电阻值时它的状态轨迹大致形状如何？

3．观察状态轨迹时示波器与电路应如何接法？

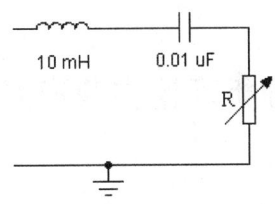

图 15-6　实验电路

四、实验内容

1. 按预习练习 3 拟订的方案联接电路和仪器，然后打开实验板上的电源，观察实验图 15-6 电路的状态轨迹，应调节电路中那些元件参数，使之能观察到预计的状态轨迹。

2. 若要获得非振荡情况和临界情况的状态轨迹，应调节电路中那些元件参数，使之能观察到预计的状态轨迹。

五、报告要求

1. 整理二阶网络状态轨迹的测试方法。

2. 绘出所观察到的各种状态轨迹，与计算结果相比较，说明产生差别的原因。

实验十六 电路分析理论在获取温度信息中的应用

一、电子信息技术专业设计的主要内容

1. 什么叫信息

信息是反映事物的运动状态及其变化方式的一种量。信息分为自然信息及社会信息，我们主要研究自然信息，在自然界中，有的信息露于表面，如温度，压力，湿度，流量，心跳，这些信息用五官和一些简单的测量仪器就可以测得，而有的信息藏于深处，反映的运动方式及关系错综复杂，如矿藏，气象，人体健康等，这些信息，必须通过各种检测，综合分析，才能准确得到。

2. 电子信息涉及的主要内容

一般讲涉及下面四个方面：

（1）信息的获取与识别。

（2）信息的分析、处理、加工及存储。

（3）信息的传输。

（4）通过取得的信息去控制外设，如显示，打印及各种外部设备。

二、电路分析基础课的重要性

1. 电路分析基础课是本专业第一门专业基础课，不学习这门课无法学后续课程。

2. 这门课的许多原理，直接应用在专业课上。

三、电路分析基础在信息获取中的应用

1. 传感器简介

传感器，顾名思义，是将我们感兴趣的信息传递到我们的视觉听觉器官而被我们所悉知的器件。它是通过物理的或化学的手段，使信息作用到器件上影响了它的某些特性改变，对电子学工作者来说，我们最希望用的是它的电阻发生变化。传感器种类很多，有对温度变化敏感的，有的对气体（如：一氧化碳）作用敏感的，有的对光敏感，以及对湿度、磁场敏感等等，本实验所介绍的温度传感器就是其电阻值随温度变化的一种器件。

传感器在自动检测和智能化机器人设计中不可缺少的部分，我们电子学工作者就是在于根据任务要求会选用合适的传感器设并计与此相匹配的电路才能

达到满意的效果。

2. 铜热电阻简介

铜丝可用来制造-50℃到150℃范围内的工业电阻温度计。

设铜电阻在温度 t_0 时的电阻值为 R_0

设铜电阻在温度 t 时的电阻值为 R_t

设铜电阻在温度 t_0 时的温度系数为 α_0

则 $R_t = R_0 \left[1 + \alpha_0 (t - t_0) \right]$，铜电阻与温度关系是线性的。

3. 利用铜电阻 Cu_{100} 测量

（1）测量线路

测量线路任务是将应变电阻值的变化转换为电压或电流的变化，成为可用信号的输出。电桥就是这种转换的常用的测量线路。根据电桥电源的不同，可分为直流电桥和交流电桥。他们的原理都相似，由于直流电桥比较简单，下面就直流电桥作简要分析。

①应变电桥的特点及基本形式

电桥线路是连接成环形的四个电阻所组成，如图 16-1 所示，电阻 R_1、R_2、R_3 和 R_4 处成为桥臂，A 与 B 对角线接电源电压 U_E，C 与 D 对角线接指示仪表或负载，其阻值为 R_L。它是一切电桥的基型。桥臂电阻为应变电阻则电桥为应变电桥。

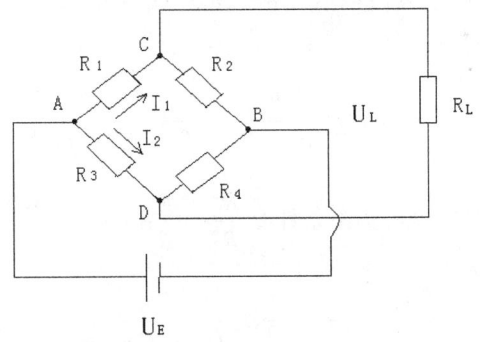

图 16-1　直流电桥基本形式

电桥平衡时，$R_1 R_4 = R_2 R_3$，则测量对角线上输出为零。当传感器电阻值发生变化，电桥失去平衡，则测量对角线上有输出。若传感器元件为应变片，该输出值即反映应变片电阻值的变化。应变电阻变化一般很微小，故电桥输出需要接放大器，这是放大器的输入阻抗也就成了电桥的负载。一般放大器的输入

阻抗较电桥内阻要高得多，故在求电桥输出电压时，可以把电桥输出端看成开路。即 $R_L=\infty$

设图 16-1 中 $R_L=\infty$ 电桥的两条支路中电流分别为

$$I_1 = \frac{U_E}{R_1+R_2} \tag{16-1}$$

$$I_2 = \frac{U_E}{R_3+R_4} \tag{16-2}$$

在 R_1 和 R_3 上的压降分别为

$$U_{AC} = I_1 R_1 = \frac{U_E}{R_1+R_2} R_1 \tag{16-3}$$

$$U_{AD} = I_2 R_3 = \frac{U_E}{R_3+R_4} R_3 \tag{16-4}$$

桥路输出电压的一般形式为

$$U_L = U_{AD} - U_{AC} = U_E \left(\frac{R_3}{R_3+R_4} - \frac{R_1}{R_1+R_2} \right) \tag{16-5}$$

若电桥中 R_1 为电阻式传感元件，它随被测参数的变化而变化，R_2、R_3 和 R_4 为固定电阻。R_{10}、R_{20}、R_{30} 和 R_{40} 为该桥臂阻值的初始阻值，且满足初始平衡条件 $R_{10}R_{40}=R_{20}$ 和 R_{30}，此时输出 $U_L=0$。当被测参数变化 $R_1=R_{10}+\Delta R$ 时，则电路平衡被破坏，产生输出电压 U_L，假设 $U_L=\infty$，则该电路的输出信号按式（16-5）计算，得

$$U_L = U_E \left(\frac{R_{30}}{R_{30}+R_{40}} - \frac{R_{10}+\Delta R}{R_{10}+\Delta R+R_{20}} \right) \tag{16-6}$$

令 $\frac{\Delta R}{R_{10}}=\delta_R$，根据电桥平衡条件令 $\frac{R_{20}}{R_{10}}=\frac{R_{40}}{R_{30}}=n$，则

$$U_L = -U_E \frac{n\varepsilon}{(1+n)(1+\varepsilon+n)} \tag{16-7}$$

如果 $\varepsilon \ll 1$，略去分母中 ε，则

$$U_L = -\frac{U_E n}{(1+n)^2} \delta_R \tag{16-8}$$

$$\frac{U_L}{\delta_R} = -\frac{U_E n}{(1+n)^2} \quad （16-9）$$

令

$$S_U = \frac{U_L}{\delta_R} = -\frac{U_E n}{(1+n)^2} \quad （16-10）$$

根据式（16-10）的含义，K_U 为电桥电压灵敏度。K_U 愈大，在电阻传感元件变化相同的情况下，电桥输出电压愈大。欲提高电桥的电压灵敏度必须提高电源电压 U_E，但不能无止境提高，因为受到应变片允许功耗的限制。还可从另外一途径考虑，就是使当选择桥臂比 n。当电桥电压一定时，n 应取何值电桥灵敏度最高。令 $\frac{dS_U}{dn} = 0$，求 S_U 为最大值，故对式（16-10）微分，得

$$\frac{(1-n^2)}{(1+n)4} = 0 \quad （16-11）$$

所以 $n=1$ 时，S_U 为最大。这就是说在电桥电压一定时，当桥臂 $R_{10}=R_{20}$，$R_{30}=R_{40}$ 时电桥的电压灵敏度最高。这种情况称为电桥的串联对称形式。而 $R_{10}=R_{30}$，$R_{20}=R_{40}$ 时，则称为电桥的并联对称形式。为使电桥的电压灵敏度最高，取电桥的串联对称形式为宜，下面将分述之。

<1>串联对称式：串联对称式电桥的特点是相等的两桥臂在一个支路中形成串联形式，即 $R_{10}=R_{20}$，同样，$R_{30}=R_{40}$。令 $R_{10}=R_{20}=R$，$R_{30}=R_{40}=R'$，而 $R \neq R'$。其原始平衡状况是 $R_{10}R_{40}=R_{20}R_{30}$。假设在单臂工作情况下即 $R_1 = R_{10} + \Delta R$，其他桥臂为定值不变电阻，

$R_L = \infty$，则其输出电压按式（16-5）计算：

$$U_L = U_E \left(\frac{R_{30}}{R_{30}+R_{40}} - \frac{R_{10}}{R_{10}+\Delta R + R_{20}} \right) = U_E \left(\frac{R'}{2R'} - \frac{R+\Delta R}{2R+\Delta R} \right) \quad （16-12）$$

令 $\frac{\Delta R}{R} = \delta_R$

$$U_L = U_E \left(\frac{1}{2} - \frac{1+\delta_R}{2+\delta_R} \right) = -\frac{U_E \delta_R}{4+2\delta_R} \quad （16-13）$$

一般 $\delta_R \ll 1$

$$U_L \approx -\frac{U_E \delta_R}{4} \quad (16\text{-}14)$$

（16-14）式中负号意即 $\delta_R > 0$ 时，C 点电位低于 D 点电位。从式（16-13）和（16-14）可得出几点看法。

（a）输出电压大小与传感器元件电阻大小无关，仅与其相对变化的大小 δ_R 有关。

（b）U_L 与 δ_R 成正比，电源电压 UE 的不稳定，直接影响输出，因此，电源必须是稳定的，使 U_L 随单一因素变化，即使 $U_L = f(\delta_R)$。

（c）U_L 与 δ_R 不成线性关系，只是当 δ_R 很小，满足 $4 \gg 2\delta_R$ 时，输出电压与电阻相对变化才有近似的线性关系即 $U_L \approx -\frac{U_E \delta_R}{4}$。

<2>并联对称式：并联对称式电桥的特点是相等的两桥臂阻值，分别接入电桥的不同支路对称位置，形如并联，即 $R_{10}=R_{30}$ 分别在电桥顶点 A 的两侧，而 $R_{20}=R_{40}$ 则分别在电桥顶点 B 的两侧。或者说相等的两电阻在负载对角线的同一侧。令 $R_{10}=R_{30}=R$、$R_{20}=R_{40}=R'$ 而 $R \neq R'$。其原始平衡状况下 $R_{10}R_{40} = R_{20}R_{30}$。假设在单臂工作情况下即 $R_1 = R_{10} + \Delta R$，其他桥臂为定值不变电阻，$R_L = \infty$，则按式（16-10）计算其输出电压

$$U_L = U_E \left(\frac{R_{30}}{R_{30}+R_{40}} - \frac{R_{10}}{R_{10}+\Delta R + R_{20}} \right) = U_E \left(\frac{R'}{R+R'} - \frac{R+\Delta R}{R+\Delta R + R'} \right) \quad (16\text{-}15)$$

令 $\frac{R}{R'} = m$；$\frac{\Delta R}{R} = \delta_R$

$$U_L = \frac{U_E \varepsilon}{(1+m)\left(1+\delta_R + \frac{1}{m}\right)} \quad (16\text{-}16)$$

从式（16-16）可看出 U_L 除了与 U_E、ε 有关外，还与同一支路中臂比 m 有关，若 m 值很大或很小都将使桥路输出电压降低很多，设计桥路时应充分注意这一点。只有当 m=1 时式（16-16）成为 $U_L = \frac{U_E \delta_R}{4+2\delta_R}$ 与式（16-13）相同。

<3>等臂电桥：组成桥路的四个臂，如其阻值皆相等，即 $R_{10}=R_{20}=R_{30}=R_{40}=R$，则称为等臂电桥。此时前述两种对称情况的臂比 m=1、n=1，皆能获得满足，所以等臂电桥是对称电桥中一种特殊形式。其初始平衡状况也为 $R_{10}R_{40}=R_{20}=$

R_{30}，假设负载 $R_L = \infty$ 时，下面分析单臂工作时的电压输出。

电桥工作臂 $R1$ 为电阻传感元件，虽被测量变化的增量为 ΔR，即 $R_1 = R_{10} + \Delta R$，而 $R2$、$R3$、$R4$ 均为固定不变的电阻桥臂，初始状态电桥处于平衡状态，输出电压 UL=0。当被测量变化产生 ΔR 时，电桥输出电压按式（16-10）计算

$$U_L = U_E \left(\frac{R_{30}}{R_{30}+R_{40}} - \frac{R_{10}+\Delta R}{R_{10}+\Delta R + R_{20}} \right) = U_E \left(\frac{1}{2} - \frac{1+\frac{\Delta R}{R}}{2+\frac{\Delta R}{R}} \right) \quad (16\text{-}17)$$

令 $\dfrac{\Delta R}{R} = \delta_R$ 得

$$U_L = -\frac{U_E \delta_R}{4 + 2\delta_R}$$

若通常 $\delta_R \ll 1$，则

$$U_L \approx -\frac{U_E \delta_R}{4} \quad (16\text{-}18)$$

可以看到这与串联对称单臂工作推导出结果完全一样，亦能分析得出与它们同样的结论。

有负载情况 上面各种桥路的情况分析都是假设 $R_L = \infty$，现假定负载电阻 $R_L \neq \infty$，则 RL 必须考虑负载影响。

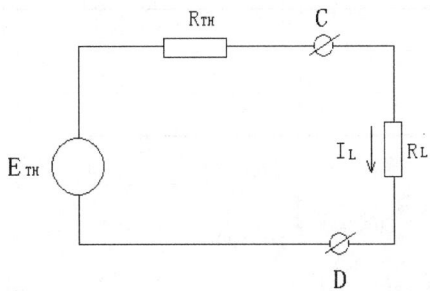

图 16-2 桥路 C、D 端的等效电路图

对图 16-1 桥路负载对角线上 C、D 两项点应用等效发电机原理后，可划出图 16-2 等效电路图，并可按此计算

$$I_L = \frac{E_{TH}}{R_{TH}+R_L} \quad (16\text{-}19)$$

111

式中 E_{TH}——等效电动势；

R_{TH}——等效内阻。

负载 R_L 上的电压

$$U_L' = I_L R_L = \frac{E_{TH}}{R_{TH} + R_L} R_L \qquad (16\text{-}20)$$

根据等效发电机原理，等效电源电动势为负载开路时桥路输出电压，即 $E_{TH} = U_L$，故有

$$U_L' = U_L \frac{R_L}{R_{TH} + R_L} \qquad (16\text{-}21)$$

式中，U_L 为 $R_L = \infty$ 时的输出电压，该式说明了有负载后，输出电压将缩小一个系数 $\frac{R_L}{R_{TH} + R_L}$，令 $\beta_L = \frac{R_L}{R_{TH} + R_L}$。例如当 $R_L = 10 R_{TH}$ 时，$\beta_L = 0.91$，$U_L' = 0.91 U_L$。这说明输出电压损失 9%。

上面讨论了直流的情况。

四、具体测量步骤

按图 16-3 接线，R_1 为 Cu_{100}；$R_2 = R_3 = R_4 = 100\Omega$；$U_E = 2V$（用稳压电源供电）每隔半小时记下 U_L，同时记下温度，填写表 16-1。

表 16-1

室温				
U_L				
室温				
U_L				

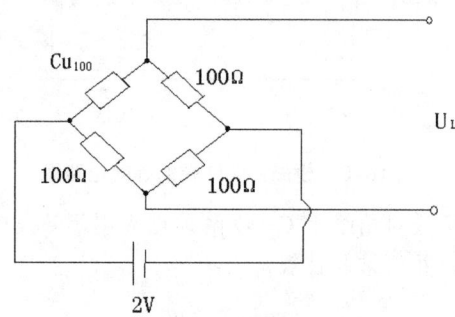

图 16-3 实验电路

第二部分 实验用电子仪器仪表

第一节 示波器

一、示波器的基本结构和工作原理

1. 示波管及波形显示原理

(1) 示波管 (CRT): 示波管亦称阴极射线管,是示波器的核心部件。基本结构如图 1-1 所示,它由电子枪、偏转系统和荧光屏三部分组成。整个系统密封在被抽成真空的玻璃壳内,其作用是把被测电信号变成发光的图形。

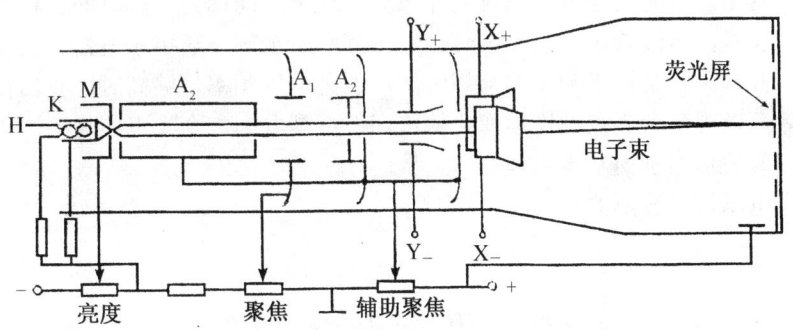

图 1-1

① 电子枪: 电子枪的作用是发射电子, 并形成很细的高速电子束, 轰击荧光屏产生光点,故称电子枪。它由灯丝 H、阴极 K、控制栅极 M 及阳极 A_1、A_2 等构成。

灯丝通电后加热阴极,使阴极发射电子。由于阳极电位比阴极高得多,因此这些电子在阳极高电位的作用下,高速通过各极共轴孔形成一束电子射线射向荧光屏,并使屏上产生一个光点。光点的亮度取决于电子束强度。电子束的强度是由控制栅极来控制的。控制栅极相对于阴极为负电位,两者相距很近,其间形成的电场对电子有排斥作用。因此调节栅极电位的高低,就可以控制射向荧光屏的电子数量,从而改变屏上光点亮度。示波器面板上的"INTEN"(亮度)旋钮就是调节栅极电位的。如果用外来信号控制栅极的电压,亦可使屏上光点亮度随信号强弱而变化,这种工作方式称为"辉度调制"。一般示波器均有此项功能。当控制栅极及阳极的电位调节合适时,电子枪内电场对电子束有聚焦作用。因此调节阳极的电位,可使电子束正好聚焦在荧光屏上,形成清晰的小亮点。示波器面板上的"FOCUS"(聚焦)旋钮就是调节阳极 A_1 电位的。有的示波器还有"辅助聚焦"旋钮,实际是调节阳极 A_2 的电位。

②偏转系统:偏转系统由两对互相垂直的偏转板组成。其作用是用偏转板所加电压控制电子束在垂直和水平方向的偏转。靠近电子枪的一对为垂直(或 Y)偏转板,可控制电子束沿垂直方向上、下运动;另一对为水平(或 X)偏转板,用来控制电子束沿水平方向运动。示波管在设计时已做到:荧光屏上光点沿 Y、X 方向移动的距离,与 Y、X 偏转板所加电压成正比,这就是示波器可以通过光点偏转距离的测量来测知加在偏转板上电压大小的道理。

③荧光屏:荧光屏是示波器的显示部分。在示波管屏幕玻璃内侧涂有一层发光物质。当它受到高速电子束轰击时,可发出可见光,这样就可把人眼看不见的电子束的运动变成光点的运动,显示出被测电信号的信息。依发光物质的不同,发出的荧光要经过一定时间才熄灭,这个时间称为余辉时间。根据余辉时间的长短,示波管可分为短余辉、中余辉和长余辉,通用示波器一般采用中余辉示波管。正是由于荧光的余辉时间,加之电压频率足够高时,我们在荧光屏上才可以观察到光点的连续变化轨迹,而不是看到一个光点的运动。

(2)波形显示的基本原理

①电压信号波形的显示

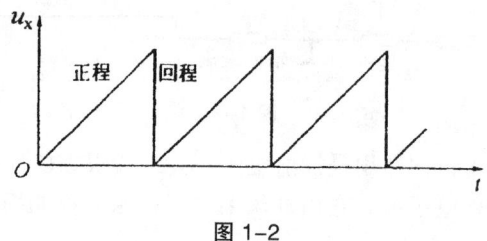

图 1-2

在示波管中,经聚焦形成的电子束打在荧光屏上的光点位置取决于同时加在 X、Y 偏转板上的电压值。若 X、Y 偏转板上不加时变电压信号,荧光屏上显示的是一个静止的亮点;若只在 Y 偏转板上加一时变电压信号,如 $u_y=U\sin\omega t$ 时,则屏上光点在垂直方向随时间作简谐振荡。当频率较低时,我们可以看到屏上光点上下移动。而当频率在几十赫兹以上时,屏上光点上下移动很快,由于余辉和视觉的滞留效应,眼睛看上去是一条竖直的亮线。亮线的长度正比于 u_y 的峰值电压。

由上所述,要想在荧光屏上观察到正弦信号 u_y,仅在 Y 偏转板上加 u_y 不行,必须在 X 偏转板上也加上信号,使电子束的光点在 Y 方向运动的同时,也能沿 X 方向运动,这样可以把垂直亮线沿 X 方向展开。由于 u_y 是随时间 t 变化的,因此使光点在 X 方向移动的电压 u_x 应该是随时间 t 线性变化的,满足这种要求的电压即是锯齿波电压。理想的锯齿波电压波形如图 1-2 所示。当仅把锯齿波电压 u_x 加在 X 偏转板上时,屏上显示的是一条水平亮线。这样水平亮线就代表了时间轴,故称此亮线为"时间基线"。

当 Y 偏转板加上待观察的正弦信号 u_y,X 偏转板加上锯齿波电压 u_x 时,示波管内的电子束同时受到 Y、X 两方向电场的作用,屏上光点的瞬间位置就是 u_y、u_x 在该时刻的瞬时值所确定的位移的合成结果。若此时 u_y 和 u_x 的周期相同,即 $T_y=T_x$,于是荧光屏上显示的是 u_y 的一个周期的正弦波形。其合成过程可参考图 1-3。这种把屏上光点在垂直方向的振动沿水平方向展开的过程称为"扫描"。完成此过程的锯齿波电压叫做"扫描电压"。"时间基线"也称为"扫描线"。

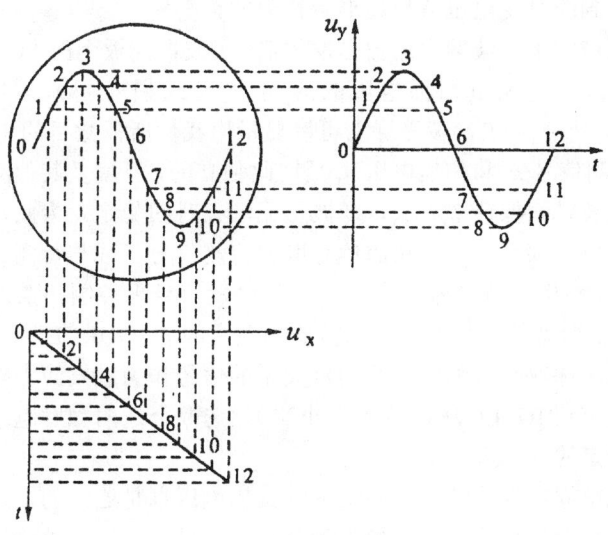

图 1-3

如果上述仅为单次扫描,屏上波形一闪即逝,无法观察。实际上在第一次扫描结束后,扫描电压迅速回到零点,接着开始第二个周期的扫描。由于 $T_y=T_x$,且第二周期的扫描同第一周期一样,都从 u_y 的同一相位点开始,因此第二次扫描周期中,光点移动的轨迹与前一周期重合。如此重复下去便可在荧光屏上看

到 u_y 一个周期的稳定波形。

若 $T_x=2T_y$，类似上述讨论，每次扫描在荧光屏上都能显示出完全重合的两个周期的 u_y 波形，屏上则看到的是 u_y 两个周期的稳定波形。同理当 $T_x=3T_y$ 时，屏上会显示出 u_y 的三个周期的稳定波形。依此类推，欲显示 u_y 的 n 个周期的稳定波形应有：

$$T_x = nT_y \quad (n \in N) \tag{1-1}$$

可见，$T_x=nT_y$ 是荧光屏上稳定显示波形的条件。此条件实质上是保证每次扫描的起始点都对应待测信号电压 u_y 的同一相位点上。一般称扫描电压 u_x 和所观察的信号电压 u_y 保持 $T_x=nT_y$ 这种关系为"同步"。若用 f_x、f_y 分别表示 u_x 和 u_y 的频率，则由（1-1）式有：

$$f_y = n f_x \tag{1-2}$$

不难理解，若 $T_x \neq nT_y$，即不满足同步关系，每次扫描的起始点不在 u_y 的同一相位点上，因此每次扫描所得的波形是不重合的，屏上显示的波形是不稳定的。

综上讨论可知，扫描能使我们在荧光屏上观察到时变电压信号的波形，而同步使我们看到的时变电压信号波形是稳定的。

扫描电压产生于示波器内的扫描发生器。示波器面板上的"TIME/DIV"（时间/分度）旋钮就是调节扫描电压的周期 T_x（或频率 f_x）。可见调节旋钮"TIME/DIV"，使 $T_x=nT_y$，荧光屏上可以显示出我们所需数目的完整周期的 u_y 波形。但是待测信号 u_y 和扫描电压 u_x 是彼此独立的，环境及其他某些因素的影响，很难做到长时间保持 $T_x=nT_y$，即波形无法长时间稳定。为此，示波器内设置了触发同步电路部分。该电路的信号取自待测信号（或与待测信号有同步关系的信号），并利用待测信号产生一个同步触发信号去控制扫描发生器，迫使 $T_x=nT_y$，以保证两者的同步关系。示波器面板上的"SOURCE"（触发源选择）按钮，就是用来选取与待测信号有同步关系的信号作为触发源去控制扫描发生器。调节旋钮"TRIG LEVEL"（触发电平），选取合适的触发电平值，荧光屏上即可看到稳定的 u_y 波形。

前述为观察周期性连续信号的情形，扫描电压也是连续的，这种扫描方式称为连续扫描。在这种情况下，如果没有外加信号，荧光屏上显示出一条时间基线。连续扫描方式适用于观察正弦波、三角波、方波等周期性连续信号，但不适宜观测窄脉冲信号。利用触发扫描方式可以解决此问题。触发扫描的特点是没有被测信号时，扫描发生器处于等待工作状态，屏上无扫描线；当有被测信号时，扫描发生器才工作，屏上出现扫描线。触发扫描不仅可以观测脉冲信号波形，也可以观测连续信号波形。但由于无信号输入时，屏上没有扫描线，会给观测带来不便。

②李萨如图形的显示

在同一平面上两个互相垂直的简谐振动,当它们的频率成简单整数比时,其合成运动的轨迹为李萨如图形。同样,当示波管的 X、Y 两对偏转板分别加上正弦信号且当两者的频率成简单整数比时,荧光屏上会显示出一系列不同的李萨如图形。设加在 X、Y 偏转板上的正弦信号的频率分别为 f_x 和 f_y,合成的几种不同的频率比的李萨如图形如图 1-4 所示。

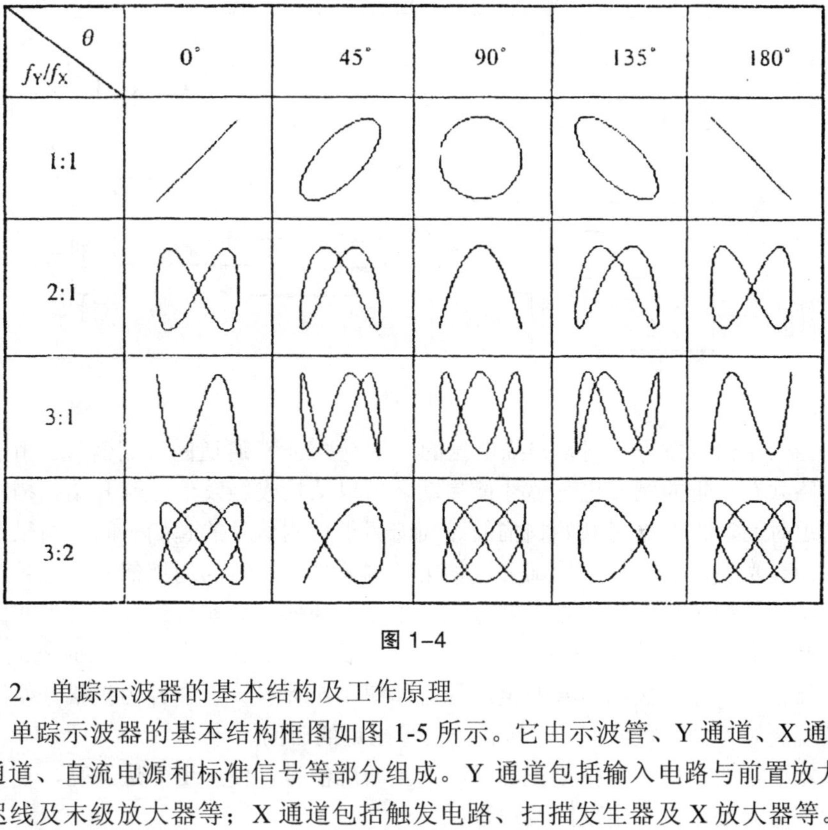

θ f_Y/f_X	0°	45°	90°	135°	180°
1:1	/	⬭	○	⬭	/
2:1	∞				∞
3:1					
3:2					

图 1-4

2. 单踪示波器的基本结构及工作原理

单踪示波器的基本结构框图如图 1-5 所示。它由示波管、Y 通道、X 通道、Z 通道、直流电源和标准信号等部分组成。Y 通道包括输入电路与前置放大、延迟线及末级放大器等;X 通道包括触发电路、扫描发生器及 X 放大器等。

示波器的正常工作,需要机内各部分电路协调配合才行。下面根据上述示波器组成框图,简述其波形显示的工作原理如下:

待测信号由 Y 通道输入,输入电路对其进行阻抗和电压变换。前置放大器在输入电路提供的合适条件下,对信号进行适当放大,然后经延迟线、末级放大后,输出足够大的信号加在示波管的 Y 偏转板上,使电子枪发射的电子束按被测信号的变化规律在垂直方向产生偏转。X 通道中的扫描发生器产生锯齿波电压,经 X 放大器放大后(图 1-5 中开关 S_2 合 1)加至示波管的 X 偏转板上,使电子束在水平方向等速偏移。为了使屏上波形稳定,将被测信号的一部分(内触发方式)或外触发信号(外触发方式)送至触发电路,触发电路输出一个触发信号去启动扫描发生器,产生一个由触发信号控制其起点的扫描电压,以迫使待测信号与扫描电压同步。

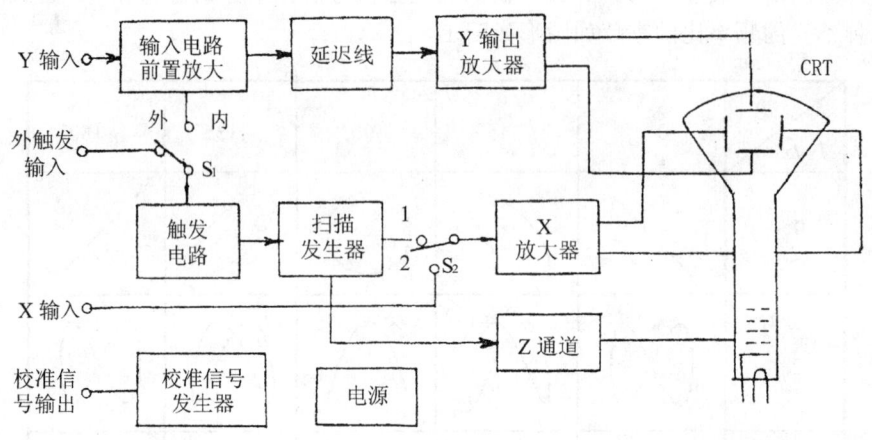

图 1-5

当采用内触发方式时,扫描电压的产生受控于 Y 通道的待测信号。由于扫描电路须有一定的触发电平值才能启动,所以从接收触发信号到开始扫描有一段延迟时间,也就是说开始扫描的时间滞后于被测信号的起始时间,结果是屏上不能显示被测信号的起始部分。如果被测信号是连续的周期信号,这种现象影响不大;如果是脉冲信号,就可能看不见脉冲信号的前沿部分。延迟线的设置就是将通过 Y 通道的被测信号在屏上出现的时刻延迟在扫描开始时刻之后,从而保证屏上显示被测信号的全过程。如图 1-6 所示。图中 t_T 为扫描开始滞后于被观测脉冲的一段时间;t_d 为脉冲信号延迟的时间。

Z 通道的作用是在扫描正程时间产生增辉信号,使屏上光迹加亮,在扫描回程消隐光迹,以免出现回扫尾迹。

由此,电子束在 Y、X 两对偏转板间电场的作用下,打在荧光屏上即可描绘出一条被测信号真实而稳定的波形。

如图 1-5,当 S_2 合 2,Y、X 两通道分别输入正弦信号且两信号的频率成简单整数比时,屏上则可显示出李萨如图形。

3. 双踪示波器波形的显示

双踪示波器可以同时观测两个时变电压信号波形。其工作原理和单踪示波器相同。所不同的是，双踪示波器有两个信号输入通道，并由电子开关控制交替地接通两通道，按一定的时间分割，轮流将两通道的电压信号送到 Y 偏转板上。这部分的结构框图如图 1-7 所示。可以看出，当电子开关接通 Y_1 通道时，屏上显示的是 u_1 波形；当接通 Y_2 通道时，屏上显示的是 u_2 波形。这样屏上可轮流显示两通道的波形。而当频率较高时，由于荧光屏的余辉和人眼的滞留效应，我们看到的是同时显示的 u_1 和 u_2 波形。

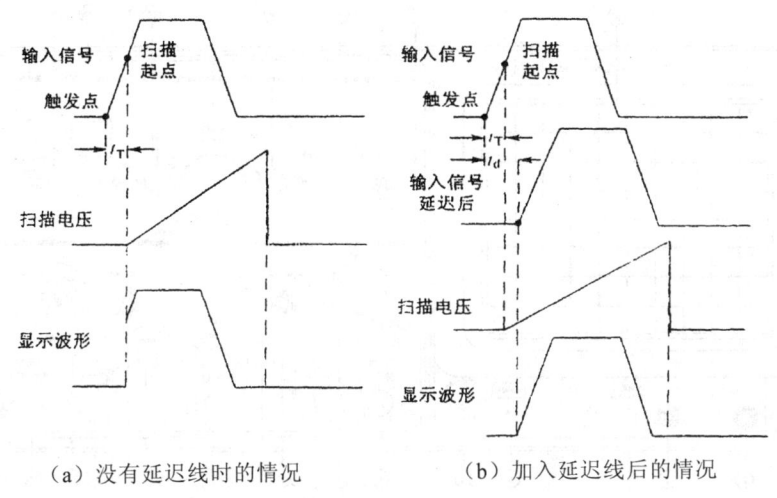

（a）没有延迟线时的情况　　　（b）加入延迟线后的情况

图 1-6

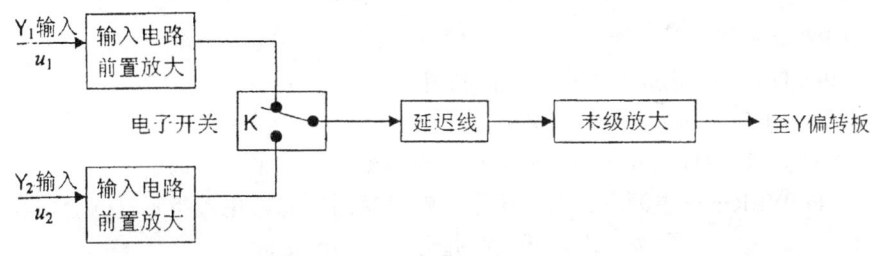

图 1-7

电子开关的工作方式有"交替"和"断续"两种。在交替工作时，若扫描电路第一次扫描时，屏上显示 Y_1 通道的波形 u_1，第二次扫描时，屏上显示 Y_2 通道的波形 u_2。如此不断地交替显示，于是屏上可同时看到 u_1 和 u_2 的波形；当电子开关工作在断续扫描时，假定扫描电路第一次扫描时，屏上显示 u_1 信号波形的一段，第二次扫描时，屏上显示 u_2 波形的一段，如此不断地交替显示，经过若干次扫描后，屏上即可显示出由若干段组成的连续的 u_1 和 u_2 的信号波形。电子开关的交替工作方式适合于显示频率较高的信号波形,而断续工作方式适合显示频率较低的信号波形。示波器面板上的"ALT CHOP"按钮即分别为电子开关交替和断续工作方式。

二、GOS-620型双踪示波器的使用

1. GOS-620示波器前面板介绍

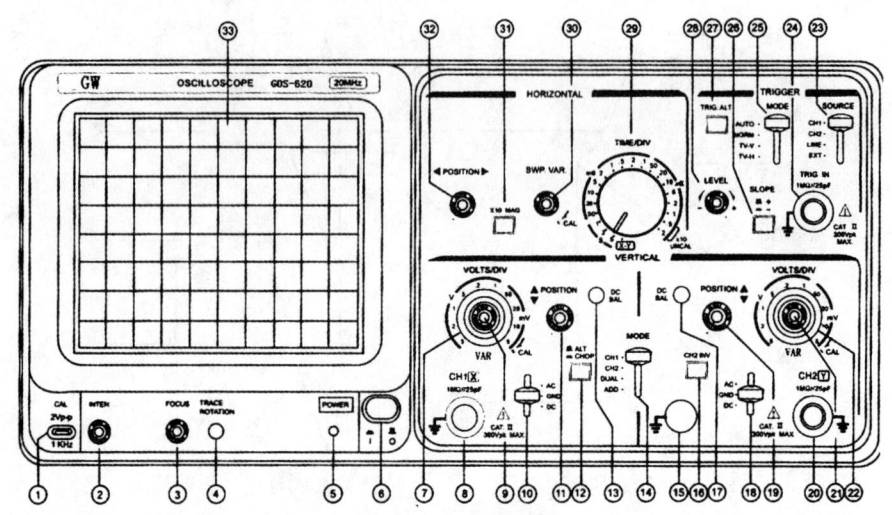

图1-8 GOS-620示波器前面板

CRT 显示屏

②INTEN——轨迹及光点亮度控制钮

③FOCUS——轨迹聚焦调整钮

④TRACE ROTATION——使水平轨迹与刻度线成平行的调整钮

⑥POWER——电源主开关,压下此钮可接通电源,电源指示灯⑤会发亮;再按一次,开关凸起时,则切断电源。

㉝FILTER——滤光镜片,可使波形易于观察。

VERTICAL 垂直偏向

⑦㉒VOLTS/DIV——垂直衰减选择钮,以此钮选择 CH1 及 CH2 的输入信号衰减幅度,范围为 5mV/DIV 至 5V/DIV,共 10 挡。

⑩⑱AC-GND-DC——输入信号耦合选择按键组

　　　　　AC——垂直输入信号电容耦合,截止直流或极低频信号输入。

GND——按下此键则隔离信号输入，并将垂直衰减器输入端接地，使之产生一个零电压参考信号。

DC——垂直输入信号直流耦合，AC 与 DC 信号一齐输入放大器。

⑧CH1（X）输入——CH1 的垂直输入端；在 X-Y 模式中，为 X 轴的信号输入端。

⑨㉑VARIABLE——灵敏度微调控制，至少可调到显示值的 1/2.5。在 CAL 位置时，灵敏度即为挡位显示值。当此旋钮拉出时（×5 MAG 状态），垂直放大器灵敏度增加 5 倍。

⑳CH2（Y）输入——CH2 的垂直输入端；在 X-Y 模式中，为 Y 轴的信号输入端。

⑪⑲POSITION——轨迹及光点的垂直位置调整钮。

⑭VERT MODE——CH1 及 CH2 选择垂直操作模式。

CH1——设定本示波器以 CH1 单一频道方式工作。

CH2——设定本示波器以 CH2 单一频道方式工作。

DUAL——设定本示波器以 CH1 及 CH2 双频道方式工作，此时并可切换 ALT/CHOP 模式来显示两轨迹。

ADD——用以显示 CH1 及 CH2 的相加信号；当 CH2 INV 键⑯为压下状态时，即可显示 CH1 及 CH2 的相减信号。

⑬⑰CH1&CH2 DC BAL——调整垂直直流平衡点。

⑫ALT/CHOP——当在双轨迹模式下，放开此键，则 CH1&CH2 以交替方式显示。（一般使用于较快速之水平扫描文件位）当在双轨迹模式下，按下此键，则 CH1&CH2 以切割方式显示。（一般使用于较慢速之水平扫描文件位）

⑯CH2 INV——此键按下时，CH2 的讯号将会被反向。CH2 输入讯号于 ADD 模式时，CH2 触发截选讯号（Trigger Signal Pickoff）亦会被反向。

TRIGGER 触发

㉖SLOPE——触发斜率选择键

"+"——凸起时为正斜率触发，当信号正向通过触发准位时进行触发。

"–"——压下时为负斜率触发，当信号负向通过触发准位时进行触发。

㉕EXT TRIG.IN——TRIG.IN 输入端子，可输入外部触发信号。欲用此端子时，须先将 SOURCE 选择器㉓置于 EXT 位置。

㉗TRIG.ALT——触发源交替设定键，当 VERT MODE 选择器 14 在 DUAL 或 ADD 位置，且 SOURCE 选择器㉓置于 CH1 或 CH2 位置时，按下此键，本仪器即会自动设定 CH1 与 CH2 的输入信号以交替方式轮流作为内部触发信号

源。

㉓SOURCE——内部触发源信号及外部 EXT TRIG. IN 输入信号选择器。

CH1——当 VERT MODE 选择器⑭在 DUAL 或 ADD 位置时,以 CH1 输入端的信号作为内部触发源。

CH2——当 VERT MODE 选择器在 DUAL 或 ADD 位置时,以 CH2 输入端的信号作为内部触发源。

LINE——将 AC 电源线频率作为触发信号。

EXT——将 TRIG. IN 端子输入的信号作为外部触发信号源。

㉕TRIGGER MODE——触发模式选择开关

AUTO——当没有触发信号或触发信号的频率小于 25Hz 时,扫描会自动产生。

NORM——当没有触发信号时,扫描将处于预备状态,屏幕上不会显示任何轨迹。

TV-V ——用于观测电视讯号之垂直画面讯号。

TV-H ——用于观测电视讯号之水平画面讯号。

㉘LEVEL——触发准位调整钮,旋转此钮以同步波形,并设定该波形的起始点。将旋钮向"+"方向旋转,触发准位会向上移;将旋钮向"-"方向旋转,则触发准位向下移。

水平偏向

㉙TIME/DIV——扫描时间选择钮,扫描范围从 0.2μS/DIV 到 0.5μS/DIV 共 20 个档位。X-Y:设定为 X-Y 模式。

㉚SWP.VAR——扫描时间的可变控制旋钮,若按下 SWP. UNCAL 键,并旋转此控制钮,扫描时间可延长至少为指示数值的 2.5 倍;该键若未压下时,则指示数值将被校准。

㉛x10 MAG——水平放大键,按下此键可将扫描放大 10 倍。

㉜POSITION——轨迹及光点的水平位置调整钮。

其他功能

① CAL(2Vp-p)——此端子会输出一个 2Vp-p,1kHz 的方波,用以校正测试棒及检查垂直偏向的灵敏度。

⑮GND——本示波器接地端子。

2. 单一频道基本操作法

以 CH1 为范例,介绍单一频道的基本操作法。CH2 单频道的操作程序是相同的,仅需注意要改为设定 CH2 栏的旋钮及按键组。开机前对示波器面板旋钮进行以下设置:

①INTEN 调整到中央位置；③FOCUS 调整到中央位置；⑭VERT MODE 选择 CH1；⑫ALT/CHOP 凸起（ALT）；⑯CH2 INV 凸起；⑪⑱POSITION◆调整到中央位置;㉜◀POSITION▶调整到中央位置;㉚SWP. VAR 顺时针到底 CAL 位置；㉙TIME/DIV 调整到 0.5mSec/DIV；㉕TRIGGER MODE 调整到 AUTO；㉖SLOPE 凸起（+斜率）；⑦㉒VOLTS/DIV 调整到 0.5V/DIV；⑨㉑VARIABLE 顺时针转到底 CAL 位置；⑩⑱AC-GND-DC 调整到 GND；㉓SOURCE 调整到 CH1；

按下电源开关，并确认电源指示灯亮起。约 20 秒后 CRT 显示屏上应会出现一条轨迹，转动②INTEN 及③FOCUS 钮，以调整出适当的轨迹亮度及聚焦。调 CH1 的 POSITION 钮及④TRACE ROTATION，使轨迹与中央水平刻度线平行。将探棒连接至 CH1 输入端，并将探棒接上 2Vp-p 校准信号端子。拨挡开关 AC-GND-DC 置于 AC 位置，此时，CRT 上会显示如图 1-9 的波形。

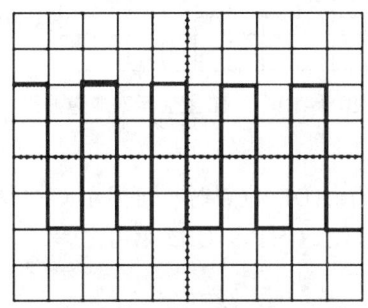

图 1-9　CRT 上显示单通道波形

调整③FOCUS 钮，使轨迹更清晰。欲观察细微部份，可调整⑦VOLTS/DIV 及㉙TIME/DIV 钮，以显示更清晰的波形。调整⑪POSITION 及㉜POSITION 钮，以使波形与刻度线齐平，并使电压值（Vp-p）及周期（T）易于读取。

3．双频道操作法

双频道操作法与单频道操作法的步骤大致相同，仅需略作修改：

将⑭VERT MODE 置于 DUAL 位置。此时，显示屏上应有两条扫描线，CH1 的轨迹为校准信号的方波；CH2 则因尚未连接信号，轨迹呈一条直线。将探棒连接至 CH2 输入端，并将探棒接上 2Vp-p 校准信号端子。按下 AC-GND-DC 置于 AC 位置，调⑪⑲POSITION 钮，以使两条轨迹如图 1-10 所示。当 ALT/CHOP 放开时（ALT 模式），则 CH1&CH2 的输入讯号将以交替扫描方式轮流显示，一般使用于较快速之水平扫描文件位；当 ALT/CHOP 按下时（CHOP 模式），则 CH1&CH2 的输入讯号将以大约 250kHz 斩切方式显示在屏幕上，一般使用于较慢速之水平扫描文件位。在双轨迹（DUAL 或 ADD）模式中操作时，SOURCE 选择器必须拨向 CH1 或 CH2 位置，选择其一作为触发源。若 CH1 及 CH2 的信号同步，二者的波形皆会是稳定的；若不同步，则仅有选择器所设定之触发源的波形会稳定，此时，若按下 TRIG. ALT 键，则两种波形皆会同步稳定显示。

注意：请勿在 CHOP 模式时按下 TRIG. ALT 键，因为 TRIG. ALT 功能仅适用于 ALT 模式。

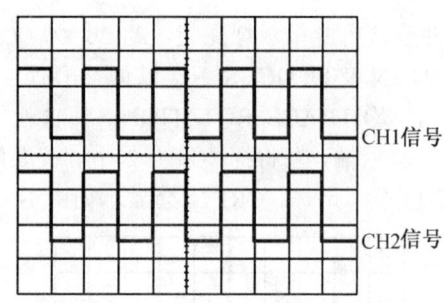

图 1-10　CRT 上显示双通道波形

4．ADD 之操作

将 MODE 选择器置于 ADD 位置时，可显示 CH1 及 CH2 信号相加之和；按下 CH2 INV 键，则会显示 CH1 及 CH2 信号之差。

5．触发

触发是操作示波器时相当重要的项目，依照下列步骤仔细进行。

（1）MODE（触发模式）功能

AUTO：当设定于 AUTO 位置时，将会以自动扫描方式操作。在这种模式之下即使没有输入触发讯号，扫描产生器仍会自动产生扫描线，若有输入触发讯号时，则会自动进入触发扫描方式工作。一般而言，当在初次设定面板时，AUTO 模式可以清轻易得到扫描线，直到其他控制旋钮设定在适当位置，一旦设定完后，时常将其再切回 NORM 模式因为此种模式可以得到更好的灵敏度。AUTO 模式一般用于直流测量以及讯号振幅非常低，低到无法触发扫描的情况下使用。

NORM：当设定于 NORM 位置时，将会以正常扫描方式操作，扫描线一般维持在待备状况，直到输入触发讯号借由调整 TRIG LEVEL 控制钮越过触发准位时，将会产生一次扫描线，假如没有输入触发讯号，将不会产生任何扫描线。在双轨迹操作时，若同时设定 TRIG. ALT 及 NORM 扫描模式，除非 CH1 及 CH2 均被触发，否则不会有扫描线产生。

TV-V：当设定于 TV-V 位置时，将会触发 TV 垂直同步脉波以便于观测 TV 垂直图场（field）或图框（frame）之电视复合影像讯号。水平扫描时间设定于 2mS/div 时适合观测影像图场讯号，而 5mS/div 适合观测一个完整的影像图框（两个交叉图场）。

TV-H：当设定于 TV-H 位置时，将会触发 TV 水平同步脉波以便于观测 TV 水平线（lines）之电视复合影像讯号。水平扫描时间一般设定于 10?S/div，并可立用转动 SWP.VAR 控制钮来显示更多的水平线波形。

（2）SOURC 触发源功能

CH1：CH1 内部触发。

CH2：CH2 内部触发。加入垂直输入端的信号，自前置放大器中分离出来之后，透过 SOURCE 选择 CH1 或 CH2 作为内部触发信号。因为触发信号是自动调整过的，所以 CRT 上会显示稳定触发的波形。

LINE：自交流电源中拾取触发信号，此种触发源适合用于观察与电源频率有关的波形，尤其在测量音频设备与门流体等低准位 AC 噪声方面，特别有效。

EXT：外部信号加入外部触发输入端以产生扫描，所使用的信号应与被测量的信号有周期上的关系。因为被测量的信号若不作为触发信号，那么此法将可以捕捉到想要的波形。

（3）TRIG LEVEL（触发准位）及 SLOPE（斜率）功能

TRIG LEVEL 旋钮可用来调整触发准位以显示稳定的波形。当触发信号通过所设定的触发准位时，便会触发扫描，并在屏幕上显示波形。将旋钮向"+"方向旋转，触发准位会向上移动；将旋钮向"-"方向旋转，触发准位会向下移动；当旋钮转至中央时，则触发准位大约设定在中间值。

（4）TRIG. ALT（交替触发）功能

TRIG. ALT 设定键一般使用在双轨迹并以交替模式显示时，作交替同步触发来产生稳定的波形。在此模式下，CH1 与 CH2 会轮流作为触发源信号各产生一次扫描。此项功能非常适合用来比较不同信号源之周期或频率关系，但请注意，不可用来测量相位或时间差。当在 CHOP 模式时按下 TRIG. ALT 键，则是不被允许的，请切回 ALT 模式或选择 CH1 与 CH2 作为触发源。

6．TIME/DIV 功能

此旋钮可用来控制所要显示波形的周期数，假如所显示的波形太过于密集时，则可将此旋钮转至较快速之扫描文件位；假如所显示的波形太过于扩张，或当输入脉波信号时可能呈现一直线，则可将此旋钮转至低速挡，以显示完整的周期波形。

7．扫描放大

若欲将波形的某一部份放大，则须使用较快的扫描速度，然而，如果放大的部份包含了扫描的起始点，那么该部份将会超出显示屏之外。在这种情况下，必须按下 x10MAG 键，即可以屏幕中央作为放大中心,将波形向左右放大十倍。

8．X-Y 模式操作

将 TIME/DIV 旋钮设定至 X-Y 模式，则本仪器即可作为 X-Y 示波器，如图 1-11 所示，其输入端关系如下：

X 轴（水平轴）信号：CH1 输入端

Y 轴（垂直轴）信号：CH2 输入端

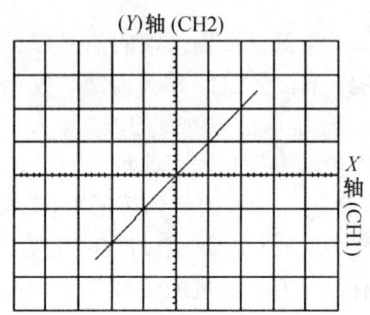

图 1-11 示波器设定为 X-Y 模式

注意：当 X-Y 模式是操作在高频模式，注意 X 及 Y 轴的频宽及相位差。

9．探棒校正

探棒可进行极大范围的衰减，因此，若没有适当的相位补偿，所显示的波形可能会失真而造成量测错误。如图 1-12 所示。因此，在使用探棒之前应进行补偿：

将探棒的 BNC 连接至示波器上 CH1 或 CH2 的输入端。（探棒上的开关置于×10 位置）；将 VOLTS/DIV 钮转至 50mV 位置；将探棒连接至校正电压输出端 CAL；调整探棒上的补偿螺丝，直到 CRT 出现最佳、最平坦的方波为止。

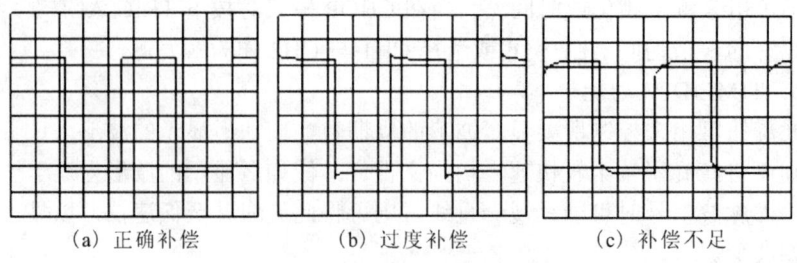

(a) 正确补偿　　　(b) 过度补偿　　　(c) 补偿不足

图 1-12 探棒对波形的影响

10. 探棒的结构

探棒的结构如图 1-13 所示。

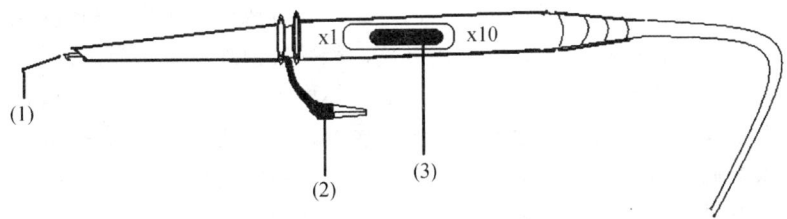

图 1-13　探棒结构

图 1-13 中（1）为探棒的探头，在使用时应接到被测器件的信号端。图 1-13 中（2）为接地夹，在使用时应与地线相连。图 1-13 中（3）为可拨动的开关，当此键拨到×1 档时，显示屏上显示的轨迹与实际轨迹是 1:1 的关系；当拨到×10 档时，显示屏上显示的轨迹衰减了 10 倍，即显示屏上显示的轨迹与实际轨迹是 1:10 的关系。

第二节　函数信号发生器

一、函数信号发生器的原理

函数信号发生器是为了模拟实际情况而设计的一种仪器，不管是哪种信号发生器它的基本组成如图 2-1 所示：

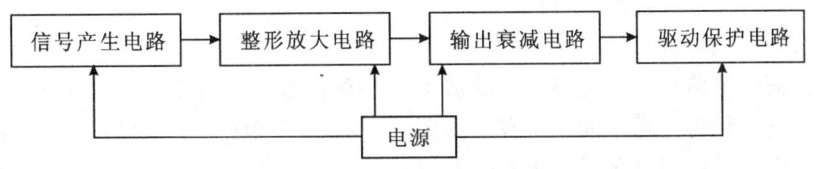

图 2-1　函数信号发生器的基本结构

1. 信号产生部分

此部分为信号发生器的核心部分。对于不同的信号发生器产品，它的原理是不一样的。一般来说，现在通用的信号发生器从这部分的原理上来讲，可以分为以下三种：

（1）直接应用 RC（LC）形成的振荡电路组成信号产生电路部分。

（2）频率合成法

频率合成法基本上可归纳为两类：直接合成法和见解合成法。直接合成法是利用一个（或几个）基准频率，通过一系列倍频器（乘法）、分频器（除法）、以及混频器（加、减法）来完成基本代运算，以合成所需频率，后者用窄带滤波器选出。直接合成法的优点是工作可靠，频率转换速度快，但是需要大量的混频器、分频器和窄带滤波器，这样，造成体积大，难于集成化，所以价格昂贵；频率合成方法的另一条途径是利用振荡器来产生所合成的频率，借助锁相技术可以把振荡器的输出频率与基准频率保持严格的有理数关系。因为被合成的输出频率最后取自受控的振荡器，而不像直接合成法那样，把基准频率进行直接代数运算，故名"间接合成法"，间接合成法又名"锁相合成法"锁相环路是实现间接合成法的基本电路。间接合成法克服了直接合成法的许多缺点，特别是集成技术的发展，是锁相合成法的优点，如体积小、功耗小、价廉，适合大规模生产，从而在频率合成中获得广泛的应用。

（3）DDS 数字合成信号发生器

数字合成信号发生器（DDS）没有振荡元件，是用数字合成方法产生一连串数据流，在经过数模转换产生出预先设定的模拟信号，即利用程序软件产生所需信号。例如要产生一个正弦波，首先将函数 y=sinx 进行数字量化，在以 x 为地址，y 为量化数据，依次存入波形存储器。

DDS 时使用相位累加技术控制波形存储器地址。在每个采样周期中，DDS 都把一个相位增量累加到相位累加器的当前结果上，通过改变相位增量而使输出的频率发生改变；再根据相位累加器输出的地址，由波形存储器取出波形量化数据，经数模转换器和运放转换成模拟信号电压。但是波形数据是间断的取样数据，输出是一个阶梯形的正弦波，必须经过地同滤波器滤除波形中的高次谐波，才可变为连续的、可供使用的正弦波。

2. 整形放大部分

任何一个信号产生电路产生的波形，都存在着信号幅度小，波形有失真等缺点，需进行再处理才能满足我们的要求。对于直接应用 RC（LC）形成的振荡电路而言，由于振荡器输出的信号比较小，但是波形失真小，因此它的整形放大电路主要的工作是放大信号。频率合成法以及数字合成信号形成的振荡器，其输出信号谐波分量较多，因此它的整形放大电路的工作出了放大信号外，还必须对信号进行滤波处理。

3. 输出衰减、驱动保护、电源部分

输出衰减部分是由一系列电阻阻值按比例串联分压产生的。为了加强信号的带载能力，减小输出阻抗，降低负载对信号发生器的影响，部分信号发生器产品增加了电流放大驱动电路。电源部分电路是给整个信号发生器电路提供工作用电的。

二、FG-506 函数信号发生器的使用

FG-506 函数信号发生器的前面板如图 2-2 所示，函数信号发生器各部分的名称及功能为：

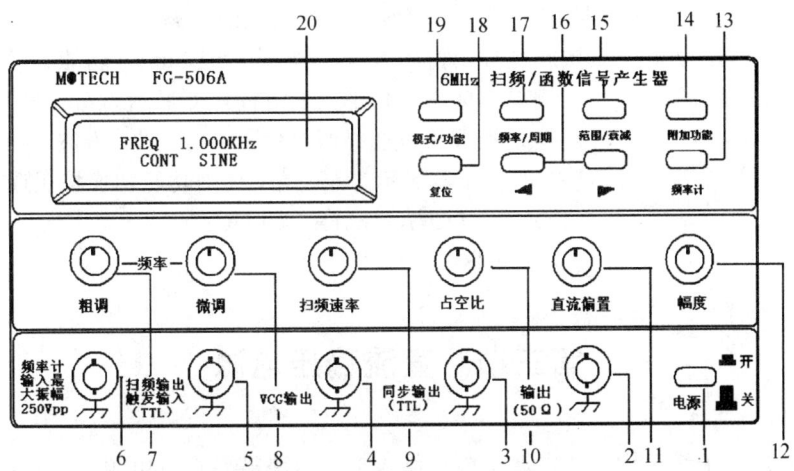

图 2-2　函数产生器前面板图

1. 电源开关——按下则开机，再按即关机。
2. 输出——各种波形的输出。
3. 同步输出——同步 TTL 输出端，从 2Hz 到 12MHz。
4. VCG 输入——外加信号输入。
5. 扫描输出/触发输入——线性或对数的输出端。也可用为触发输入。
6. 频率计输入——可外接频率输入当作计频器使用，最大输入不可大于 250V/100MHz。
7. 频率范围粗调——适用于所有频率范围。
8. 频率范围微调——适用于较小范围频率调整。
9. 扫描速率——扫描速率调整从 10 毫秒到 5 秒。
10. 占空比——可改变输出波形的占空比。
11. 直流偏置——调整输出波形的 DC（直流）值。
12. 幅度——调整信号输出的振幅。
13. 频率计——当外接频率输入时，按下此键仪器自动调整计频范围。
14. 附加功能——按此键进行附加功能。

15. 范围/衰减——按一次为 Rang（范围），再按一次为 attenuation（衰减），再用功能变换按钮以选择频率范围，或在三个衰减值中选一个。
16. 切换键——向左或向右可以切换函数参数。
17. 频率/周期——此按键可进行频率和周期的切换。
18. 复位——按此键恢复到一开机时的连续正弦波状态。
19. 模式/功能——按此键分别得到 Mode（模式）或 Func（功能）。每次按此键显示区中三角形改变方向，若显示为右三角，使用功能切换按钮可选择四个信号（正弦波，方波，三角波，DC）之一，若显示为左三角，使用功能切换按钮选 mode（CONT，TRIG，GATE，CLOCK）。
20. 液晶显示——液晶显示器。

第三节 直流稳压电源

各种电子线路均需加电源供电，绝大多数电路需要直流电源，并且要求电压为稳定的确定值。但市电电源供给的是有效值为 220V、频率为 50Hz 的正弦交流电，一般需要对它进行一些处理，才能给电子线路供电。首先，需要用整流滤波电路将交流电变为直流电；其次，整流滤波后的电压会随着市电电压或负载的变化而变化，这种变化可能会使得电子设备不能正常工作，因此还需要有稳压设备将整流电压稳定在一定的范围内。直流稳压电源就是完成上述两项任务的设备。

一、直流稳压电源的组成及工作原理

直流稳压电源一般通过电源变压器将电网电压变为所需要的交流电压，再经整流、滤波和稳压而得到。电路及各点波形如图 3-1 所示：

（1）电源变压器

电源变压器的作用是将电网 50Hz、220V 的交流电变成所需要的交流电。只是用于降压，频率并不改变。

（2）整流电路

整流电路有四个二极管组成单相桥式整流电路，其原理是利用二极管的单向导电性（正偏导通，反偏截止）将交流电变成脉动的直流电。

（3）滤波电路

在直流稳压电源电路中的滤波电路一般采用最简单的电容滤波形式，其原理是利用充电和放电时间常数不同，充电快（因为二极管导通时交流电阻很小），放电慢，使输出维持一定的电压。

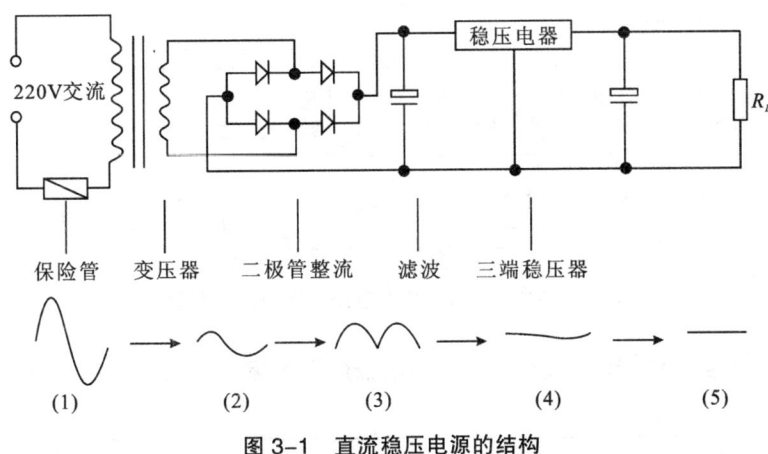

图 3-1　直流稳压电源的结构

（4）稳压电路

经整流、滤波得到的直流电压，可作为简单设备的供电电源。但并不稳定，不能用于精密仪器。影响其不稳定的因素，一是电网的电压不稳定，二是负载的变化。因此需要稳压，稳压基本原理就是在滤波输出与负载之间串入一个调整元件，利用自动控制原理，调节其上的电压，从而起到稳压的作用。

目前，随着科技的发展，串联型线性稳压电路各元件被集成在一块芯片上，我们称之为集成稳压器。

二、SS1792F 型可跟踪直流稳压电源的工作原理

SS1792F 型可跟踪直流稳压电源原理框图如图 3-2 所示。

稳压工作：在恒压工作时，电压比较器处于控制优先状态，当输入电压或负载变化时输出电压发生相应变化，此变化量经取样电路送入电压比较器反相输入端与比较器同相输入端设置的基准电压进行比较，经驱动电路放大后控制调整管以使输出电压趋于原来数值，达到稳压的目的。在稳压工作时电流比较器为过流比较放大器，当电源负载过大，超过预置电流时，采样电路的输出电压将增大，此电压送到电流比较器反相输入端与比较器同相输入端预置的电流基准进行比较、放大后控制调整管，使输出电流恒定在预置的电流值上，从而使电源和负载得到保护。

稳流工作：在恒流工作时，电流比较器处于控制优先状态，当负载加大到

恒流点设定值时,电流比较器对调整管起控,电路的工作状态由恒压转换为恒流,恒流状态的工作过程与恒压工作时过流保护的工作状态完全相同。

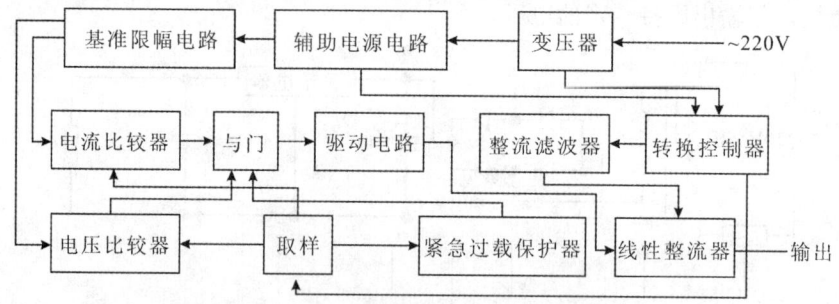

图 3-2 SS1792F 型可跟踪直流稳压电源的原理框图

三、SS1792F 型可跟踪直流稳压电源的前面板介绍

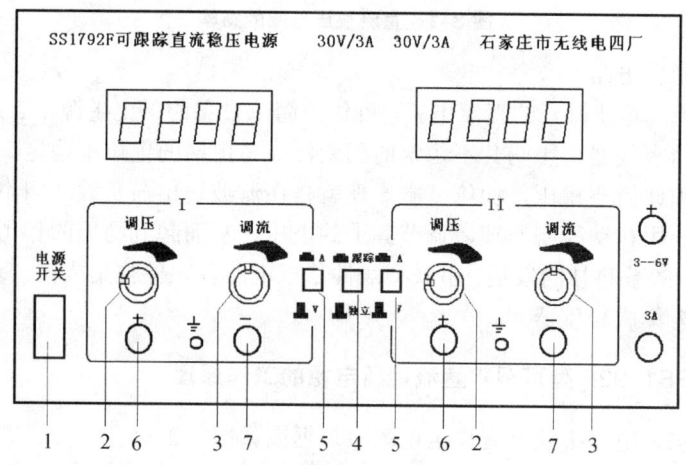

图 3-3 前面板示意图

如图 3-3 所示,其功能说明如下:

1. 电源开关——置"开"为电源开;置"关"为电源关。
2. 调压——电压调节,调整稳压输出值。
3. 调流——电流调节,调整稳流输出值。
4. 跟踪▂/独立▂:跟踪独立工作方式选择键,置独立▂时,两路输出各自独立,置跟踪▂时,两路为串联跟踪工作方式。(或两路对称工作状态)。

5．I ▂ /V ▂：表头功能选择键，置 I ▂ 时，为电流指示；置 V ▂ 时，为电压指示。

6．电源输出正接线端。

7．电源输出负接线端。

注意：

在使用直流稳压电源时不要将电源线和电路连接后再打开电源开关，这样可能会因为电压或电流过大烧毁器件损坏电路；应该先打开直流稳压电源开关，将电压或电流调到所需要的数值后，关闭电源，待电源与电路连接好后再打开电源开关。

四、电压输出工作方式

1．独立工作方式：将跟踪 ▂ /独立 ▂ 工作方式选择开关置独立 ▂ 位置，即可得到两路输出相互独立的电源，连接方式如图3-4所示。

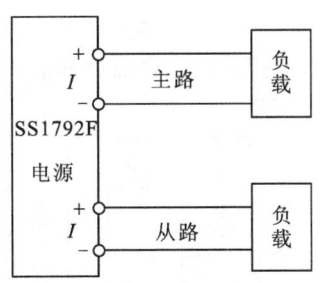

图 3-4　独立工作方式

2．串联工作方式：将跟踪 ▂ /独立 ▂ 工作方式选择开关置独立 ▂ 位置，并将主路负接线端子与从路正接线端子用导线连接，连接方式图3-5所示，此时两路预置电流应略大于使用电流。

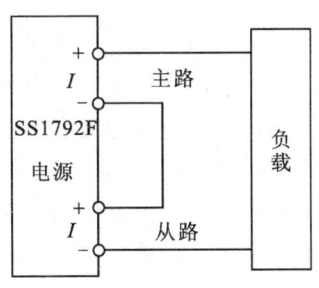

图 3-5　串联工作方式

3.跟踪工作方式：将跟踪■/独立■工作方式选择开关置跟踪■位置，将主路负接线端子与从路正接线端子连接，连接方式如图3-6所示，即可得到一组电压相同极性相反的电源输出，此时两路预置电流略大于使用电流，电压由主电路控制。

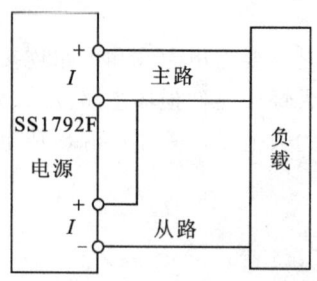

图3-6 跟踪工作方式

4.并联工作方式：将跟踪■/独立■工作方式选择开关置独立■位置，两路电压都调至使用电压分别将两正接线端子两负接线端子连接，连接方式如图3-7所示，便可得到一组电流为两路电流之和的输出。

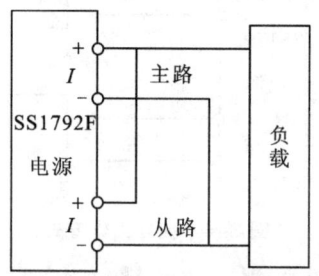

图3-7 并联工作方式

五、直流电源稳压输出时过流保护值的设定方法

调整调压旋钮使输出电压为0.5V至1.5V之间，将调流旋钮逆时针调至最小，短接本路输出接线柱，将电表选择开关置于电流挡，根据所需工作电流大小，缓慢顺时针调节调流旋钮，同时观察电流表指示，使所示电流为所示的保护电流（一般比使用电流稍大），断开短接线，调节调压旋钮使输出电压为所需要的工作电压，将负载接至输出端即可正常使用。如不需要设定过流保护值，可将调流旋钮顺时针调至最大使用。将调流旋钮逆时针调至最小，电压调不上去或负载电压降属正常现象。

第四节　频率计

在电子技术中，频率是一个重要参量。应用技术法原理制成的数字式频率测量仪器具有精确度高、侧频范围宽、便于实现测量过程自动化等一系列突出优点。所以，数字式频率测量计（简称数字式频率计）已成为目前测量频率的主要仪器。一般来讲，目前市场上出现的频率计除了测频率外，它同时具有测时间（周期）以及同频信号相位差的功能。

一、频率计的基本原理

数字频率计是一种用电子学方法测出一定时间间隔内输入的脉冲数目，并以数字形式显示测量结果的电子仪器。数字频率计的原理框图如图 4-1 所示。

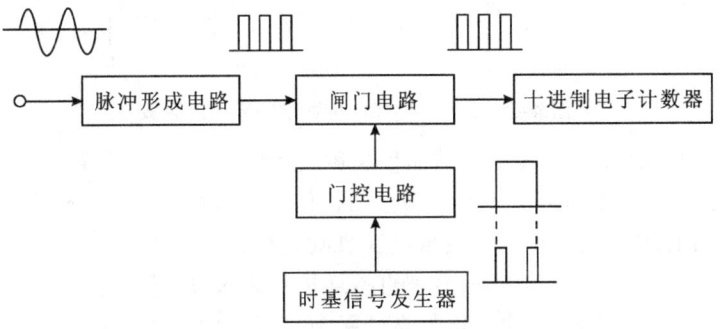

图 4-1　数字频率计原理框图

数字频率计的核心是电子计数器。电子计数器可以对脉冲数目进行累加运算，能把任意一段时间内的脉冲总数计算出来并由数码关显示出来。如某个时间间隔 t 内对周期性信号的累加计数值为 N，则信号频率 f 为：

$$f = N/t$$

因此首先应将被测信号变成周期性的脉冲，脉冲形成电路就起此作用，其脉冲的重复频率等于被测信号频率。脉冲形成后将它加到闸门电路的输入端 A；闸门电路就是用来控制开和关的一种电路，当具有标准时间的闸门脉冲到达时闸门便开启，允许由 A 进入的脉冲通过；闸门脉冲结束后，闸门便关闭，信号就不能通过。闸门开启时通过的脉冲送到电子计数器进行计数，有装在面板上的数码管显示出来。例如，时基信号的作用时间为 1s，闸门电路将打开 1s，若在这段时间内通过闸门电路的脉冲数目为 1000 个，则被观测信号的频率就是

1000Hz。

二、GFC-8010H 型数字频率计的使用

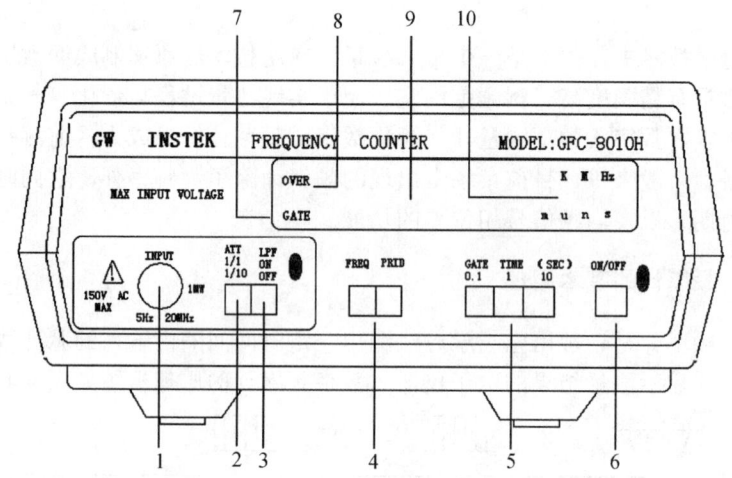

图 4-2 GFC-8010H 型数字频率计前面板

GFC-8010H 型数字频率计前面板名称及功能介绍：

1. Counter Input——BNC 型接口，信号输入接线端。
2. ATT,1/1,1/10——输入灵敏度（衰减）按钮。
   1/1——输入信号被直接连接到输入放大器。
   1/10——输入信号衰减率 10 倍后输入放大器。
3. LPF ON/OFF——当输入频率很低时，将此键打到 ON 位置，插入输入信道一个 100KHz 的低通滤波器，从而计频器正常工作。
4. FREQ/PRID——用此键选择频率测量或周期测量，按下 FREQ 键为频率测量，按下 PRID 为周期测量。
5. Gate Time Selector——用此按键选择 10s，1s 或 0.1s 的门时间。
6. Power ON/OFF——电源开或关按钮。
7. Gate Time（LED）——显示设定的闸门时间，间隔 10s，1s 或 0.1s LED 闪烁一次。
8. Over（LED）——over 指示灯亮表示一个或多个有效数字无法显示。
9. Displayed（LED）——频率值以 8 位数字显示。
10. Exponent and units（LED）——LED 指示灯显示单位 S 和 Hz，指示测

量值指数如下：
K=1000 M=1000,000；m=1/1000 u=1/1,000,000；n=1/1,000,000,000。

第五节　交流毫伏表

一、交流毫伏表的原理

交流毫伏表是一种专门用来测量正弦交流电压的设备。同时还具有电平测试和监视输出的功能。它与万用表交流当的不同之处在于交流毫伏表的测量电压范围宽、信号频率范围宽、输入电阻大和精度高的特点。交流毫伏表的基本结构如图 5-1 所示。

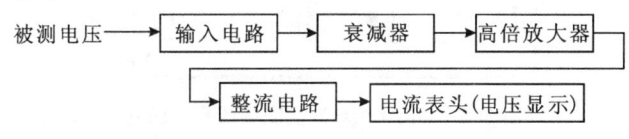

图 5-1　交流毫伏表的基本结构

二、DF2170A 型交流毫伏表的主要特性

1．电压测量范围：0.3mV～300V

分 0.3mV、1mV、3mV、10mV、30mV、100 mV、300mV、1V、3V、10V、30V、100V、300V 共 13 档。

2．测量电平范围为：-70dB、-60dB、-50dB、-40 dB、-30 dB、-20 dB、-10 dB、0dB、+10 dB、+20 dB、+30 dB、+40dB、+50dB 共 13 档。

3．频率范围为：5Hz～2MHz

三、DF2170A 型交流毫伏表前面板介绍

图 5-2 所示为 DF2170A 型交流毫伏表前面板，其各部分的名称为：

1．表头　　　　2．量程指示　　　3．同步异步/CH1、CH2 指示
4．同步异步/CH1、CH2 选择按键　　5．量程调节钮
6．电源开关　　7．通道输入端

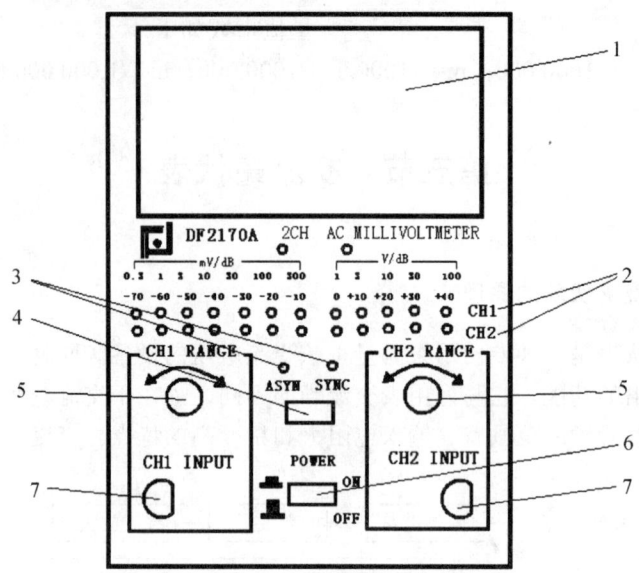

图 5-2　DF2170A 型交流毫伏表前面板

四、使用说明

1. 将仪器水平放置，接通 220V 电源，按下电源开关，电源指示灯亮，然后自左至右依次轮流检测，检测完毕后停止于 300V 档指示，并自动将量程至于 300V 档。为了保证仪器稳定性，需预热 10 秒钟后使用，开机后 10 秒钟内指针无规则摆动属正常。

2. 将输入测试探头上的红、黑鳄鱼夹断开后与被测电路并联（红鳄鱼夹接被测电路的正端，黑鳄鱼夹接地端），观察表头指针在刻度盘上所指的位置，若指针在起始点位置基本没动，说明被测电路中的电压甚小，且毫伏表量程选得过高，此时用递减法由高量程向低量程变换，直到表头指针指到满刻度的 2/3 左右即可。

3. 准确读数。表头刻度盘上共刻有四条刻度。第一条刻度和第二条刻度为测量交流电压有效值的专用刻度，第三条和第四条为测量分贝值的刻度。当量程开关分别选 1mV、10mV、100mV、1V、10V、100V 档时，就从第一条刻度读数；当量程开关分别选 3mV、30mV、300mV、3V、30V、300V 时，应从第二条刻度读数（逢 1 就从第一条刻度读数，逢 3 从第二刻度读数）。例如：将量程开关置"1V"档，就从第一条刻度读数。若指针指的数字是在第一条刻度的 0.7"处，其实际测量值为 0.7V；若量程开关置"3V"档，就从第二条刻度读数。若指针指在第二条刻度的"2"处,其实际测量值为 2V。以上举例说明,当量程开关选在哪个档位,比如,1V 档位,此时毫伏表可以测量外电路中电压的范围是 0~1V,满刻度的最大值也就是 1V。

当用该仪表去测量外电路中的电平值时,就从第三、四条刻度读数,读数方法是,量程数加上指针指示值,等于实际测量值。

五、注意事项

1. 仪器在通电之前,一定要将输入电缆的红黑鳄鱼夹相互短接。防止仪器在通电时因外界干扰信号通过输入电缆进入电路放大后,再进入表头将表针打弯。

2. 当不知被测电路中电压值大小时,必须首先将毫伏表的量程开关置最高量程,然后根据表针所指的范围,采用递减法合理选挡。

3. 若要测量高电压,输入端黑色鳄鱼夹必须接在"地"端。

4. 测量前应短路调零。打开电源开关,将测试线(也称开路电缆)的红黑夹子夹在一起,将量程旋钮旋到 1mv 量程,指针应指在零位(有的毫伏表可通过面板上的调零电位器进行调零,凡面板无调零电位器的,内部设置的调零电位器已调好)。若指针不指在零位,应检查测试线是否断路或接触不良,应更换测试线。

5. 交流毫伏表灵敏度较高,打开电源后,在较低量程时由于干扰信号(感应信号)的作用,指针会发生偏转,称为自起现象。所以在不测试信号时将量程旋钮旋到较高量档,以防打弯指针。

6. 交流毫伏表接入被测电路时,其地端(黑夹子)应始终接在电路的地上(成为公共接地),以防干扰。

7. 交流毫伏表表盘刻度分为 0-1 和 0-3 两种刻度,量程旋钮切换量程分为逢一量程(1mv、10mv、0.1v、…)和逢三量程(3mv、30mv、0.3v、…),凡逢一的量程直接在 0-1 刻度线上读取数据,凡逢三的量程直接在 0-3 刻度线上读取数据,单位为该量程的单位,无需换算。

8. 使用前应先检查量程旋钮与量程标记是否一致,若错位会产生读数错误。

9. 交流毫伏表只能用来测量正弦交流信号的有效值,但对非正弦信号可以比较相对幅度的大小。

10. 注意:不可用万用表的交流电压挡代替交流毫伏表测量交流电压(万用表内阻较低,用于测量 50Hz 左右的工频电压)。

第六节 万用表

万用表是一种多用途的测量仪表，万用表一般都能测直流电流、直流电压、直流电阻、交流电压等电量。有的万用表还能测交流电流、高频电平、电容、电感及晶体三极管电流放大倍数等。因此万用表可以间接检查各种电子元件的好坏，检查、调试大多数的设备。

万用表使用灵活，操作简便，读数可靠，携带方便，用途广泛。近年来，随着数字集成电路技术的发展，数字式万用表的使用日益广泛，并已出现用袖珍式数字万用表取代传统的指针式万用表的趋势。

万用表种类繁多，根据所应用的测量原理及测量结果显示方式的不同，一般分为模拟式万用表和数字式万用表两大类。这两种类型的万用表存在着较大的差异，主要表现在以下几方面：

（1）模拟式万用表的主要部件是指针式电流表，测量结果为指针式显示；数字式万用表主要应用了数字集成电路等器件，测量结果为数字显示。

（2）数字式万用表的测量精确度比模拟式万用表高。

（3）数字式万用表的内阻比模拟式万用表高得多，所以在进行电压测量时，数字式万用表更接近理想的测量条件。

（4）在进行直流电压或电流测量式，模拟式万用表如果正、负极接反，指针的偏转方向也相反；而数字式万用表能自动判别并显示出极性的正或负。

（5）模拟式万用表是根据指针和刻度来读数，会产生读数误差；而数字式万用表是数字显示，因此没有这种误差。

（6）模拟式万用表容易看出被测量增大或减小的趋势；而数字式万用表不容易看出被测量的变化趋势。

一、模拟式万用表的基本原理

如图 6-1 所示，模拟式万用表测量过程是先通过一定的测量机构将被测得模拟电量转换成电流信号，再由电流信号去驱动表头指针偏转，通过相应的刻度板读数即可指示出被测量的大小。

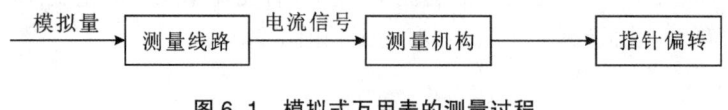

图 6-1 模拟式万用表的测量过程

二、500 型万用表的使用方法

1．使用前的检查调整：

（1）检查万用表的外观应完好无破损，轻轻摇晃时，指针应摆动自如。

（2）转动转换开关、应切换灵活、指示量程挡位应准确。

（3）水平放置万用表，进行机械调零，即转动表盘指针下面的机械调零螺丝，使指针对准标度尺左边的 0 位线，以减小测量误差。

（4）测电阻前应进行欧姆调零（电气调零），即将挡位开关置于欧姆挡，两支表笔短接，调整零欧姆调整器旋钮，使指针对准欧姆标度尺右边的 0 位线，以检查万用表内电池电压。如调整时指针不能指 0，则应更换电池。

（5）检查测试表笔插接是否正确。黑表笔应接负极，"－"或公用端"*"的插孔（或接线钮）上，红表笔应接正极，即"＋"或相应测量电阻的插孔（或接线钮）上。

2．测量直流电阻

（1）首先应断开被测电阻的电源及连接导线，否则，将烧坏仪表或影响测量结果。

（2）应根据被测量电阻值选择量程合适的挡位，指针应停留在标度尺中心位置两侧最好，不宜偏向两端。被测电阻值无法估计时，应选择"中"挡。

（3）测量中每换一次挡位，都应重新进行欧姆调零。

（4）测量中表笔应与被测电阻接触良好，以减少接触电阻；手不得触及表笔金属部分，以防止将人体电阻与被测电阻并联。

（5）正确读取测量结果，指示数应乘以倍率为实际测量值。

（6）测量完毕，应将转换开关旋置空挡或交流电压最大挡。这样可以防止在欧姆挡上表笔短接消耗电池，更重要的是防止下次使用时忘记换挡，就用欧姆挡去测量电压或电流而烧毁万用表。

3．测量电压

（1）测量电压时，表笔应与被测电路并联连接。

（2）在测量直流电压时，应分清极性，即红表笔饥接正极，黑表笔接负极。

（3）应根据被测电压值选择合适的量程挡位，如测量 380V 时应选 500V 挡，测量 220V 时应选 250V 挡。被测电压无法估计时，应选择最大量程挡。

（4）被测电压的测量结果，指针应指在表盘 满刻度的 2/3 处左右为宜，即指示数越接近满刻度，测量结果越准确。根据所选的电压挡位读出测量的电压值。

（5）用完后将转换开关旋至空挡或 OFF 或交流电压最高挡。

4．测量电流

（1）测量电流时，仪表必须串联在被测电路中，严禁并联连接，以防止仪表损坏。

（2）测量直流电流时，应分清极性。

（3）应根据被测电流值，选择合适的量程挡位，被测电流值无法估计时，应选择最大量程。

（4）测量中不准带电流换挡，测量较大电流时，应断开电源后在撤开表笔。

（5）被测电流的测量结果，指针应指在表盘满刻度的 2/3 处左右读数最好。

（6）用完后将转换开关旋至空挡或 OFF 或交流电压最高挡。

5．使用万用表注意事项

（1）插孔的选择。模拟式万用表的红色测试表笔应接在万用表红色接线柱上或标有"+"号的插孔内，黑色测试表笔应接在万用表黑色接线柱上或标有"—"号的插空内，在测量电压时应并联接入电路，在测量电流时应串联接入电路，在测量直流时，红表笔接在被测部分的正极，黑表笔接在被测部分的负极。

（2）选择量程时，要先选大的，后选小的，尽量使被测值接近于量程。

（3）万用表的正确读数。万用表的表盘上有多条刻度尺，他们分别在各种不同的被测对象中使用。因此在使用时要注意，应根据被测对象在相应的刻度尺上去读数。标度尺上标有"DC"或"—"为测量直流时使用，标有"AC"或"～"为测量交流使用，标有"Ω"为测量电阻时使用等。

第七节 KHDL-1 型实验箱简介

KHDL-1 型实验箱上包括直流稳压源和直流恒流源，不需要另外的设备提供电源；实验箱上提供了一块直流数字毫安表，方便了使用者测量。9 个独立的实验区域可以完成 13 个独立的实验；1 个分立元件区域，可供使用者自行设计实验。

KHDL-1 型实验箱面板个实验区域分布如图 7-1 所示。

第二部分 实验用电子仪器仪表

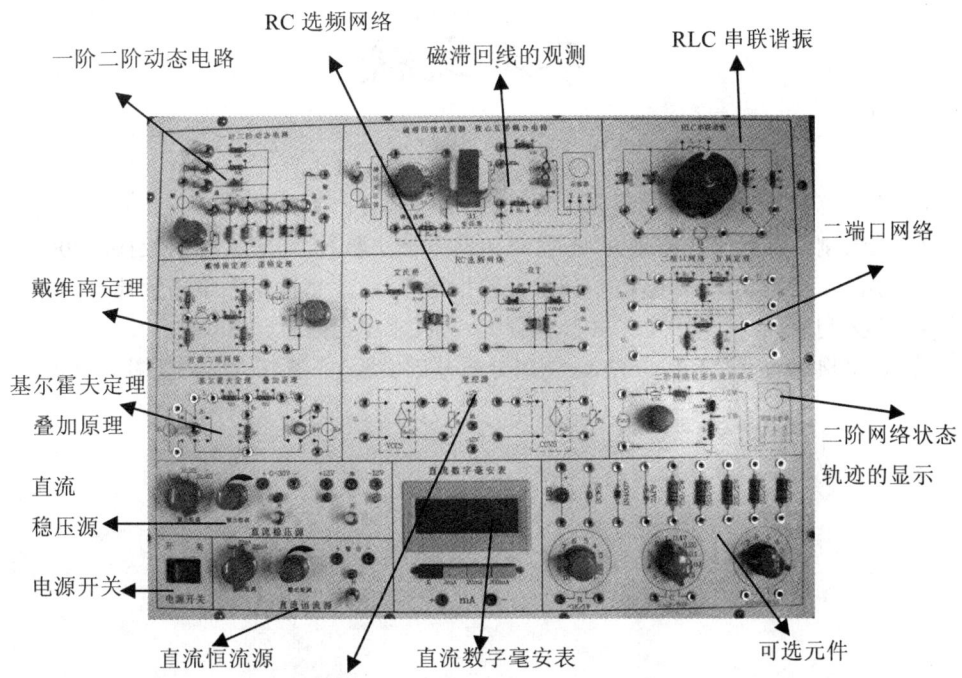

图 7-1 KHDL-1 型电路实验箱

参考文献

1. 李翰荪编著,《简明电路分析基础》,高等教育出版社,2002
2. 黄大刚、刘毅平、朱连津编著,《电路基础实验》,清华大学出版社,2008
3. 李汉珊主编,《电工与电子技术实验指导书》,北京理工大学出版社,2007
4. 王久和主编,《电工电子实验教程》,人民邮电出版社,2004
5. 黄培根编著,《Multisim7 & 电路分析基础实验》,浙江大学出版社,2007